肉羊良种利用与繁殖技术一本通

权凯　李君　主编

ROUYANG LIANGZHONG LIYONG YU FANZHI JISHU YIBENTONG

中国科学技术出版社

·北　京·

图书在版编目（CIP）数据

肉羊良种利用与繁殖技术一本通 / 权凯，李君主编 . —北京：中国科学技术出版社，2018.6

ISBN 978-7-5046-8033-4

Ⅰ. ①肉…　Ⅱ. ①权…　②李…　Ⅲ. ①肉用羊—良种繁育

Ⅳ. ① S826.93

中国版本图书馆 CIP 数据核字（2018）第 090023 号

策划编辑　乌日娜
责任编辑　乌日娜
装帧设计　中文天地
责任校对　焦　宁
责任印制　徐　飞

出　　版　中国科学技术出版社
发　　行　中国科学技术出版社发行部
地　　址　北京市海淀区中关村南大街16号
邮　　编　100081
发行电话　010-62173865
传　　真　010-62173081
网　　址　http://www.cspbooks.com.cn

开　　本　889mm × 1194mm　1/32
字　　数　120千字
印　　张　5.25
版　　次　2018年6月第1版
印　　次　2018年6月第1次印刷
印　　刷　北京长宁印刷有限公司
书　　号　ISBN 978-7-5046-8033-4 / S · 722
定　　价　20.00元

本书编委会

主　编

权　凯　李　君

副主编

赵金红　姚金靓

编著者

赵金艳　魏红芳　哈斯·通拉嘎　王利兵

Preface 前言

所谓繁殖，就是指动物产生新个体的过程。动物生长发育到一定年龄，雄性个体产生成熟的精子，雌性个体产生成熟的卵子，通过交配，两性配子结合成为受精卵。哺乳动物受精卵在母体内发育成为胎儿，经过一定时间的妊娠，分娩出一个或数个新个体。繁殖是生物界的普遍现象，是生命的基本特征之一，是物种存在和繁衍生息的保证，也是畜牧生产中获得畜产品、种畜更新、育种、杂交和改良的必然过程。

养羊，尤其是养种羊，要实现盈利，一是要考虑如何降低成本，尤其是饲料成本；二是要考虑如何提高繁殖力，即产羔率和羔羊成活率。因此，提高羊的繁殖力是养羊盈利的前提和保证。

随着现代养羊业的发展，高度集约化的养羊方式对繁殖技术的依赖程度越来越高，传统的繁殖技术和管理模式已经不能满足现代养羊业的需求。因此，在生产实践中，如何利用一些新的繁殖技术和繁殖管理措施来提高羊群的繁殖率，增加年产羔数和羔羊成活率，是提高现代工厂化养羊经济效益的基础。

笔者根据自己对养羊业和羊繁殖特性的理解，编写了本书。本书主要从什么是羊的繁殖力，如何提高羊的繁殖力，羊的人工授精技术，妊娠诊断和助产技术，以及如何防治羊的繁殖障碍等方面进行了介绍，并附有丰富的在生产实践中的操作图片，以期对从事养羊工作的相关技术人员、管理人员解决养羊生产中遇到的繁殖方面相关的技术问题提供参考和帮助。

由于笔者的水平有限，不当和错漏之处在所难免，诚望读者批评指正。

编 著 者

Contents 目录

第一章 羊的繁殖概述

所谓繁殖，就是指动物产生新个体的过程，动物生长发育到一定年龄后，雄性个体产生成熟的精子，雌性个体产生成熟的卵子，通过交配，两性配子结合成为受精卵，对于哺乳动物而言，受精卵会在母体内发育成为胎儿，经过一定时间的妊娠，分娩出1个或数个新个体，这个过程就称为繁殖。繁殖是生物界的普遍现象，是生命的基本特征之一，是物种存在和繁衍生息的保证，也是畜牧生产中获得畜产品、种畜更新、育种、杂交和改良的必然过程。

羊的繁殖技术包括母羊的发情鉴定技术，人工授精技术，发情控制技术，妊娠诊断、助产与分娩控制技术，胚胎生物工程技术等。随着现代畜牧业的发展，高度集约化的养羊方式对繁殖技术的依赖程度越来越高，传统的繁殖技术和管理模式已经不能满足现代养羊业的要求。因此，提高繁殖率，增加年产羔数和羔羊成活率，是实现现代化养羊盈利的基础。

一、羊的繁殖力

（一）羊的繁殖力评定指标

羊的繁殖率是指本年度内出生断奶成活的羔羊数占上年度末

存栏适繁母羊数的百分比。可以用下列公式表示：

$$繁殖率=\frac{本年度出生羔羊数}{上年度末适繁母羊数}\times 100\%$$

根据母羊繁殖过程的各个环节，繁殖率应该是受配率、受胎率、分娩率、产羔率和羔羊成活率等5个方面内容的综合反映。因此，繁殖率又可用下列公式表示：

$$繁殖率=受配率\times受胎率\times分娩率\times产羔率\times羔羊成活率$$

1. 受 配 率

指本年度内参加配种的母羊数占羊群内适繁母羊数的百分率。受配率主要反映羊群内适繁母羊发情配种的情况。

$$受配率=\frac{配种母羊数}{适繁母羊数}\times 100\%$$

2. 受 胎 率

指妊娠母羊数占参加配种母羊数的百分率。在受胎率统计中又分为总受胎率、情期受胎率、第一情期受胎率和不返情率。

（1）总受胎率 指本年度末受胎母羊数占本年度内参加配种母羊数的百分比。其大小主要反映羊群质量和全年配种技术水平的高低。

$$总受胎率=\frac{本年度末受胎母羊数}{本年度内参加配种母羊数}\times 100\%$$

（2）情期受胎率 指某一时段妊娠母羊头数占配种情期数的百分比。它能及时反映羊群质量和配种水平，能较快地发现羊群的繁殖问题。就同一群体而言，情期受胎率通常总要低于总受胎率。

$$情期受胎率=\frac{妊娠母羊数}{配种情期数}\times 100\%$$

情期受胎率又分为第一情期受胎率和总情期受胎率。

①第一情期受胎率　第一情期配种的受胎母羊数占第一情期配种母羊数的百分比。

$$第一情期受胎率=\frac{第一情期受胎母羊数}{第一情期配种母羊数}\times 100\%$$

②总情期受胎率　配种后最终妊娠母羊数占总配种母羊情期数（包括历次复配情期数）的百分率。

$$总情期受胎率=\frac{最终妊娠母羊数}{总配种母羊情期数}\times 100\%$$

（3）不返情率　指在一定时间内，配种后再未出现发情的母羊数占本期内参加配种母羊数的百分比。不返情率又可分为30天、60天、90天和120天不返情率。30～60天的不返情率，一般大于实际受胎率7%左右。随着配种时间的延长，不返情率逐渐接近于实际受胎率。

$$X天不返情率=\frac{配种后X天未返情母羊数}{配种母羊数}\times 100\%$$

3. 分 娩 率

指本年度内分娩母羊数占妊娠母羊数的百分比。其大小反映母羊妊娠质量的高低和保胎效果。

$$分娩率=\frac{分娩母羊数}{妊娠母羊数}\times 100\%$$

4. 产 羔 率

指母羊的产羔（包括死胎）数占分娩母羊数的百分比。

$$产羔率=\frac{产出羔羊数}{分娩母羊数}\times 100\%$$

5. 羔羊成活率

指本年度内断奶成活的羔羊数占本年度产出活羔羊数的百分

比。其大小反映羔羊的培育情况。

$$羔羊成活率=\frac{成活羔羊数}{产出活羔羊数}\times 100\%$$

（二）羊的正常繁殖力指标

在饲养环境条件较好的地区，如河南省、山东省、四川等中部地区，绵、山羊产羔率通常在200%～300%，达到一年二产或者二年三产，但在西藏、内蒙古等地，因气候环境原因，绵山羊产羔率多为70%左右，且为一年一产。

小尾寒羊的繁殖率最强，繁殖率达到270%，2年可产3胎或年产2胎。山羊中，槐山羊、南江黄羊、马头山羊繁殖率高，繁殖率达到300%左右，2年可产3胎或年产2胎。绵、山羊繁殖年限为5～8年。

（三）羊场繁殖规划

提高繁殖力，增加年产羔数和羔羊成活率，是实现养羊盈利的基础。其中，繁殖规划是必需的环节，养羊场（户）可结合自身养殖规模和实际，进行合理的繁殖规划。

1. 选择高繁殖力品种

虽然山羊肉在我国中东部更受欢迎，但从目前我国现状来说，解决羊肉量是第一位的，因此绵羊的饲养附加值更高些。对中部地区，尤其是黄河流域来说，小尾寒羊是高繁殖力品种的首选，而在长江流域，湖羊适应性更强些。

2. 繁殖规模

第一，养殖规模在50只以内繁殖母羊，可不养公羊，采用同期发情处理后，借用规模较大种羊场的优良公羊进行人工授精。例如，50只繁殖母羊，如果自己饲养公羊，年饲养成本在1 000元/只左右，优良的公羊成本在1万元以上，并且使用年

限在3～5年，就算饲养1只公羊，年均成本也达到了3000元以上。如借用公羊，母羊同期发情成本和公羊采精费用合计不超过2000元，并且不存在饲养公羊的风险。

第二，养殖规模在50～200只繁殖母羊，可饲养1～2只公羊，对母羊进行同期发情处理，然后人工授精。例如，对200只繁殖母羊统一同期发情处理，统一人工授精后，母羊同期发情成本5000元，同期发情率85%左右，如果是小尾寒羊母羊，一次繁殖羔羊在400只以上。如采用自然交配，则需要公羊7～10只，仅饲养成本就超过了7000元。

第三，养殖规模在200只以上，可对母羊分批同期发情，建自动多只母羊输精保定架，统一人工授精。例如，5000只繁殖母羊，可饲养5～10只公羊，可按每次1000只母羊同期发情处理，即1年同期发情处理8000只次，1年内8次就可完全解决繁殖产羔，同期发情成本在2万元，加人工费用2万元，合计4万元即可解决。如果5000只羊采用传统发情鉴定、输精等操作程序，繁殖技术员至少需要4人，人工费用就超过10万元。

3. 注意事项

第一，要选择最佳的同期发情方法。目前市场上欧宝棉栓同期发情效果比较好，如采用海绵栓则容易引起阴道炎症，影响同期发情效果，从而影响繁殖率。

第二，山羊同期发情可采用注射氯前列烯醇，效果相对稳定，但氯前列烯醇注射对绵羊效果较差。

（四）影响羊繁殖力的因素

影响肉羊繁殖力的因素很多，有遗传、环境、饲养管理和繁殖技术等。

1. 遗传因素

遗传因素是影响肉羊繁殖力的主要因素，主要表现在品种方面。例如，河南省小尾寒羊的繁殖率为270%，湖羊为230%，

藏羊、滩羊等为70%；河南省槐山羊产羔率高达320%，波尔山羊的产羔率为193%，而中卫山羊仅为100%左右。另外，同一品种的不同个体之间、不同胎次之间，产羔率也存在一定的差异。一般来说，同一个体头胎产羔率较低，3～4胎产羔率较高。

2. 环境因素

光照和温度对羊繁殖力产生重要的影响。种公羊由于气温升高，造成睾丸及附睾温度上升，影响正常的生殖能力和精液品质，也严重影响繁殖力，在炎热潮湿的夏天，公羊性欲差，精液品质下降，后代羔羊体质弱。母羊在炎热或寒冷的天气，一般发情较少，母羊配种受胎率低。春、秋两季光照、温度适宜，饲草饲料丰富，母羊发情多，公羊性欲较高、精液品质好，此时繁殖力较高。

3. 营养和饲养管理

营养条件对羊繁殖力的影响较大，丰富和平衡的营养，可以提高种公羊的性欲，提高精液品质，促进母羊发情和增加排卵数；若营养缺乏，如缺乏蛋白质、维生素和矿物质中的钙、磷、硒、铁、铜、锰等营养成分，会导致青年母羊初情期延迟，成年母羊发情周期不正常，卵泡发育和排卵延迟，早期胚胎发育与附植受阻、死亡率增加，初生羔羊死亡率增加，严重的将造成母羊繁殖障碍，失去繁殖力。

一般来说，营养水平对羊发情活动的启动和终止无明显作用，但对排卵率和产羔率有重要作用。影响排卵率的主要因素不是体格，而是膘情，即膘情为中等以上的母羊排卵率较高。在配种之前，母羊平均体重每增加1千克，其排卵率提高2%～2.5%，产羔率则相应提高1.5%～2%。总之，一般情况下，母羊膘情好，则发情早，排卵多，产羔多；母羊瘦弱，则发情迟，排卵少，产羔少。

4. 繁殖技术

繁殖技术是影响羊繁殖力的一种人为因素。繁殖技术主要包括正确判断羊的性成熟年龄和初配年龄，羊的发情有哪些特征表

现，怎样才能做到适时配种，正确进行母羊的发情鉴定，羊的人工授精操作是否规范，如何进行羊的妊娠检查，怎样做好接羔工作、产后母羊和新生羔羊应怎样护理及繁殖新技术的应用等。

5. 繁殖管理

繁殖管理对羊繁殖力的影响主要包括发情鉴定时机的把握、配种操作的技术水平、妊娠管理、助产、产后管理水平及繁殖障碍的防治等方面。这些因素均会对繁殖指标造成影响。

6. 其他因素

年龄、健康状况等也会对羊的繁殖造成影响。母羊的产羔率一般随年龄而增长，母羊 3～6 岁时，其繁殖力最高。而公羊的繁殖力一般是在5～6岁时达高峰，6～7岁后其繁殖力逐渐降低。

（五）提高羊群繁殖力的措施

1. 加强品种的选择和选育

选择和培育多胎品种是提高羊繁殖力的重要途径之一，不论是绵羊还是山羊，其繁殖性能的好坏受品种的影响较大。

选育高产母羊是提高繁殖力的有效措施，坚持长期选育可以提高整个羊群的繁殖性能。根据出生类型选留种羊，一般初产母羊能产双羔的，除了其本身繁殖力较高外，其后代也具备繁殖力高的遗传基础，这些羊都可以留作种用。根据母羊的外貌选留种羊，选留的青年母绵羊应该体型较大，脸部无细毛覆盖。母羊中一般无角母羊的产羔数高于有角母羊，有肉髯母羊的产羔性能略高于无肉髯的母羊。

选择多胎羊的后代留作种用。一般母羊若在第一胎时生产双羔，则这样的母羊在以后的胎次生产中，产双羔的重复力较高。许多试验研究指出，为提高产羔率，选择具有较高产双羔潜力的公羊进行配种，比选择母羊在遗传上更有效。

引入多胎品种进行杂交改良是提高群体繁殖力和肉羊生产效率的有效方法。我国引用的肉羊绵羊品种主要有杜泊绵羊，产羔

率能达到 150%；夏洛莱羊，平均产羔率达 145%；波德代羊，平均产羔率达 150%；萨福克羊，平均产羔率达 200%。我国肉用绵羊的多胎品种主要有小尾寒羊，平均产羔率可达 270%；大尾寒羊，平均产羔率为 185%；湖羊平均产羔率可达 235%。我国引用的肉羊山羊品种主要有波尔山羊，产羔率为 193%；萨能山羊，产羔率为 160%～220%；吐根堡山羊、努比亚奶山羊，平均产羔率为 190%；安哥拉山羊，产羔率为 100%～110%。我国肉用山羊的多胎品种主要有黄淮山羊，平均产羔率高达 238%；马头山羊，产羔率为 191%～200%；南江黄羊，平均产羔率为 194.7%；成都麻羊，平均产羔率 210%；长江三角洲白山羊，平均产羔率达 228.5%；鲁北白山羊，经产母羊的平均产羔率为 231.86%。

结合目前以肉羊为主体的养羊业发展，黄河和长江之间的地区，农产品资源丰富，绵羊中小尾寒羊最为适合当地的发展，可以利用引入品种，如杜泊羊、特克赛尔羊、无角陶赛特羊、东弗里生羊为父本，与小尾寒羊杂交生产的杂交一代（F_1），具有早期生长速度快、肉质好等优点，同时也保证了高的繁殖率。而长江以南地区可以选择湖羊。

2. 科学的饲养管理

提高种公羊和繁殖母羊的营养水平。羊只的繁殖力不但要从遗传角度来提高，而且在同样的遗传条件下，更应该注意外部环境对繁殖力的影响。这主要涉及养羊者对羊只的饲养管理水平，尤其是营养水平对羊只的繁殖力影响极大。种公羊在配种季节与非配种季节均应给予全价饲料。因为对种公羊而言，配种能力取决于健壮的体质、充沛的精力和旺盛的性欲。因此，应保证蛋白质、维生素、矿物质的充足且均衡供给。同时，要加强运动，保持种公羊健康的体质和适度的膘情，以提高种公羊的利用率。

母羊是羊群的主体，是羊生产性能的主要体现者，同时兼具繁殖后代的重任。要重视空怀母羊的饲养管理，保证空怀母羊不肥不瘦的体况。根据母羊的体质和膘情等适当增减精饲料喂量，

对于产羔数少、泌乳负担轻、过肥的母羊，应适当减少日粮中的精饲料喂量；对于少数过肥而且不易受胎的母羊，不仅要停止补喂精饲料，而且要适当增加放牧和运动量，以利母羊减肥，促使其正常发情排卵；对于经过一个泌乳期的高产母羊，由于其产羔数多，泌乳负担重，自身能量消耗过大，而导致过瘦，应在母羊的日粮中增加精饲料喂量；对于一部分特别瘦弱的高产母羊（排除疾病和寄生虫病的因素）精饲料喂量的增加要循序渐进，让母羊有一个逐步适应的过程，以利母羊恢复体质，促进正常发情排卵。加强妊娠母羊的饲养管理，保证胚胎在母体内正常生长发育。母羊在妊娠早期，胎儿尚小，且生长发育慢，母羊对所需的营养物质要求不高，一般通过放牧采食，并给母羊补喂良好的青粗饲草，适当搭配一定量的精饲料，即可满足其对营养的需要。对一部分高产且体质瘦弱的母羊，在妊娠早期，可适当加大精饲料的补喂量，但不可过多，如导致母羊过肥和给妊娠早期的母羊喂以高能量的精饲料，均不利于胚胎在母体内正常附植和发育，甚至会导致胚胎的早期死亡，反而使母羊产羔数下降。

全混合日粮（TMR）在奶牛的养殖中已经广泛应用，但羊的TMR推广才刚开始，如果能把TMR技术与有益生物菌群（EM，effective microorganisms）结合起来，将会对提高羊的繁殖力起到积极的推动作用（图1–1）。

图1–1 羊全混合日粮饲喂模式

3. 科学的繁殖管理

改善管理措施是有效防治繁殖障碍的一个重要方面，需要饲养员、繁殖技术员和兽医人员认真负责，相互配合，发挥积极主动作用。

对于后备母羊，必须提供足够的营养物质和平衡饲粮，及时进行疫病预防和驱虫，保证健康成长，以便按时出现有规律的发情周期，发挥其繁殖作用。

加强分娩前后的管理，产前对各种器具应进行消毒，母羊的尾根、外阴、肛门和乳房用1%来苏儿或0.1%高锰酸钾溶液进行消毒。羔羊产出后，在距离羔羊脐窝5～8厘米处剪短脐带，并用碘酊消毒。如果有假死羔羊，要及时提起其后肢，拍打其背部，或让其平躺，用两手有节律地推压胸部让其复苏。有难产发生时，检查其胎位后可进行人工助产，否则找兽医实行剖宫产。胎儿产出后及时让其吃到初乳，提早开食，训练吃草，排出胎粪及增强胃肠蠕动。新生羔羊抵抗力较差，要加强护理。如母羊乳汁不足要及时采取人工哺乳或寄养。

严格执行卫生措施，在对母羊进行阴道检查、人工授精及分娩时，一定要严格消毒，尽量防止发生生殖道感染；对影响繁殖的传染性疾病和寄生虫病要及时预防和治疗；新进母羊应隔离观察一段时间，并进行检疫和预防接种。

完善繁殖记录，对每只母羊都应该有完整准确的繁殖记录，耳标应该清晰明了，便于观察。繁殖记录表格简单实用，可使饲养员能将观察的情况及时、准确地进行记录，包括羊的发情，发情周期的情况、配种，妊娠情况、生殖器官的检查情况、父母亲代资料、后代情况、预防接种和药物使用，以及分娩、流产的时间及健康状况等。

合理调整繁殖母羊比例，合理的羊群结构是实现羊高效生产的必需条件，繁殖母羊在群体中所占比例大小，对羊群增殖和饲养效益影响很大，一般可繁殖母羊比例在羊群中应占60%～

70%。生产中要推行当年羔羊当年育肥出栏，及时淘汰老、弱、病、残母羊，补充青壮年母羊参与繁殖。

4. 其他方面

影响肉羊繁殖率的因素是多方面的，除了要提高肉羊的繁殖力，还要综合考虑多方面的因素；除了采取选择具有多胎基因的优良品种种羊、适时配种，加强饲养管理和应用繁殖新技术等多种措施外，还要全面定期的检查，防治母羊的繁殖障碍，向饲养员、兽医、繁殖技术员调查了解羊的饲养、管理及配种（或人工授精）等情况，因为他们不仅对羊的饲养和配种有着丰富的经验，而且熟悉羊只个体的情况，细心分析他们提供的资料，有助于及时发现造成繁殖障碍的原因。

环境因素也是造成繁殖障碍的原因之一，羊舍温度过高或寒冷等均可引起繁殖障碍，生产过程中，必须改善羊舍环境，及时清理粪便，保证母羊有一个健康舒适的生活环境。

二、羊的生殖器官及其功能

（一）公羊的生殖器官

公羊的生殖器官主要由 4 部分构成：性腺（睾丸）、输精管道（包括附睾、输精管和尿生殖道）、副性腺（包括精囊腺、前列腺和尿道球腺）和外生殖器（阴茎）。具有合成、贮存、排出精液及交配的功能（图 1–2）。

1. 睾　丸

正常的繁殖绵羊两侧睾丸重 400～500 克、山羊 300 克，左、右睾丸大小无明显差别。季节性发情的绵羊，在非繁殖季节睾丸重量为繁殖季节的 60%～80%。

2. 附　睾

附睾附着于睾丸的附着缘，由头、体、尾 3 部分组成。头、

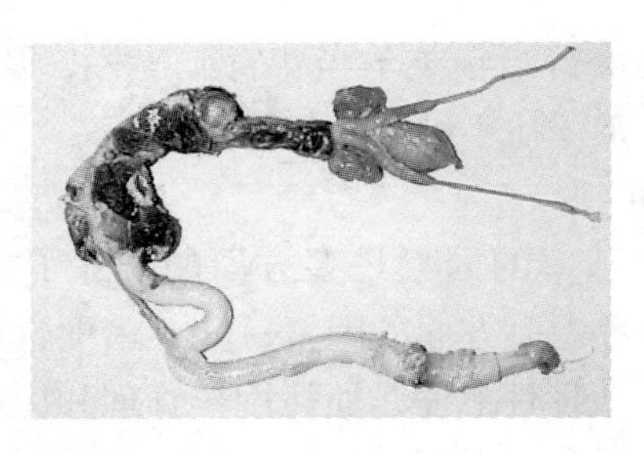

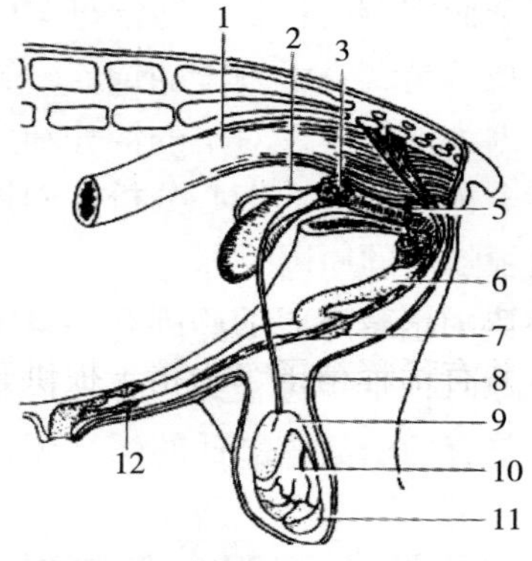

1. 直肠　2. 输精管壶腹　3. 精囊腺　4. 前列腺　5. 尿道球腺　6. 阴茎　7. S 状弯曲　8. 输精管　9. 附睾头　10. 睾丸　11. 附睾尾　12. 阴茎游离端

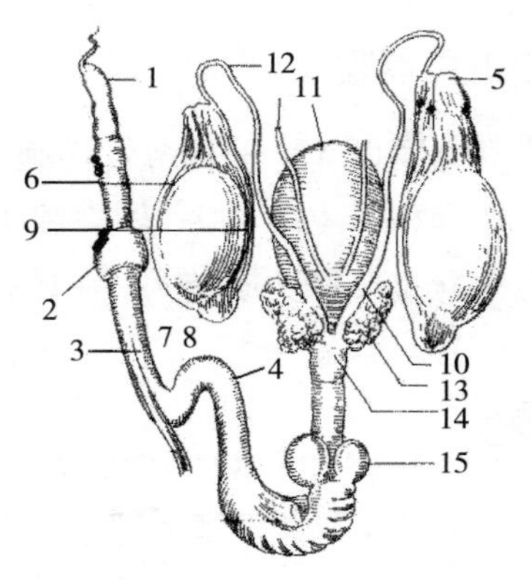

1. 龟头　2. 包皮　3. 阴茎　4. S 状弯曲　5. 精索　6. 附睾头　7. 睾丸　8. 附睾尾　9. 附睾体　10. 输精管壶腹　11. 膀胱　12. 输精管　13. 精囊腺　14. 前列腺　15. 尿道球腺

图 1–2　公羊生殖器官示意图

尾两端粗大，体部较细。附睾是睾丸贮存精子的部位，附睾尾贮存的精子占总数的68%，可达1 500亿个；精子在此逐渐成熟，并获得向前运动的能力和受精能力。

3. 阴　囊

是由腹壁形成的囊袋，由皮肤、肉膜等隔成2个腔，2个睾丸位于其中。它具有调节睾丸温度的作用，阴囊的温度低于腹腔内的温度，通常为34～36℃。

4. 输 精 管

输精管管壁厚而口径小，并具有发达的平滑肌纤维，当射精时借助其强大的收缩作用将精子射出。

5. 副 性 腺

公羊的副性腺包括精囊腺、前列腺和尿道球腺，副性腺分泌物参与形成精液，并有稀释精子、为精子提供营养、冲洗尿道和改善阴道内环境等作用。

6. 尿生殖道

公羊尿生殖道兼有排尿和排精作用，分为骨盆部和阴茎部2个部分，两者间以坐骨弓为界。

7. 阴茎和包皮

羊的阴茎是公羊的交配器官，阴茎体在阴囊后方，呈“乙”状弯曲，勃起时伸直。阴茎头长而尖，游离端形成阴茎头帽，全长30～35厘米。尿道外口位于尿道突顶端。包皮为皮肤折转而形成的管状鞘，以保护阴茎头。羊的包皮长而狭窄呈包裹状，周围有长毛。

（二）母羊的生殖器官

母羊的生殖器官主要由3部分构成：包括性腺（卵巢）、生殖道（包括阴道、子宫、输卵管）和外生殖器。母羊的生殖器官具有卵子的发生、排出，分泌激素，接受交配，孕育胚胎等功能（图1–3）。

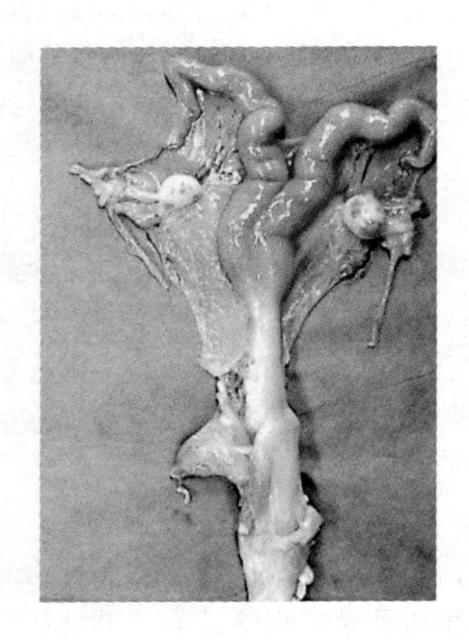

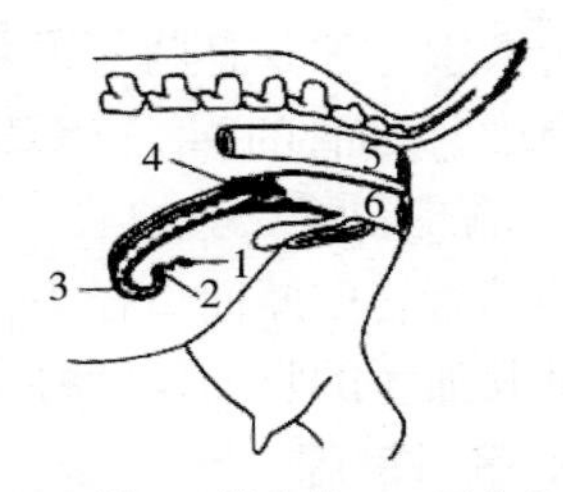

1. 卵巢　2. 输卵管　3. 子宫角
4. 子宫颈　5. 直肠　6. 阴道

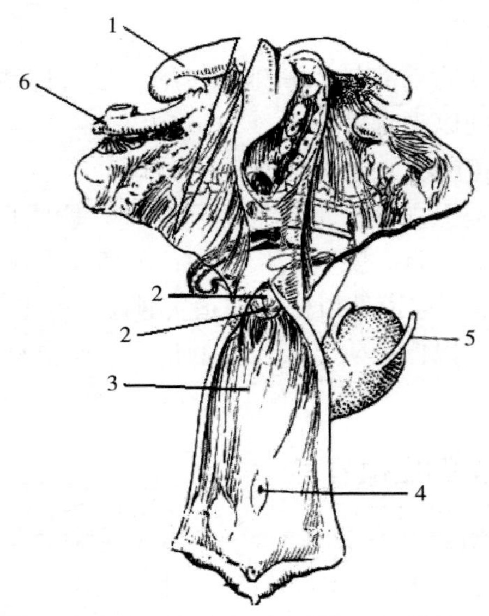

1. 子宫角　2. 子宫颈　3. 阴道　4. 尿道外口　5. 膀胱　6. 输卵管

图 1–3　母羊生殖器官示意图

1. 卵　巢

羊卵巢呈椭圆形或圆形，长 1～1.5 厘米，宽及厚为 0.5～1 厘米。表面常不平整，黄体大，呈灰红色，是成对的实质性器官，有产生卵子和分泌激素的功能。

2. 输 卵 管

输卵管是卵子进入子宫必经的通道，有许多弯曲，长 14～15 厘米，输卵管的前 1/3 段较粗，称为壶腹部，是卵子受精的部位。其余部分较细，称为峡部。靠近卵巢端扩大呈漏斗状，称为漏斗。漏斗的面积为 6～10 平方厘米，中心与腹腔相通，是接受卵子的部位。

3. 子　宫

子宫包括 2 个子宫角、1 子宫体和子宫颈，是孕育胚胎的器官，借子宫阔韧带附着于腰下部和骨盆腔侧壁，子宫腔前部有一纵隔，将其分开，呈绵羊角状，称为双分子宫。

4. 阴　道

阴道是母羊的交配器官和产道，阴道呈扁管状，位于骨盆腔内，在子宫后方，向后连接尿生殖前庭，其背侧与直肠相邻，腹侧与膀胱及尿道相邻；长 8～14 厘米，阴道穹窿下部不明显。

第二章
肉羊的品种与选择

羊的品种对生产有着重要的作用，品种也是养羊实现盈利的先决条件。因此，如何选择适合当地环境要求的品种，如何进行品种的选育，对养羊的经济效益有着最为直接的影响。

一、常见的高繁殖力地方绵羊品种

（一）小尾寒羊

小尾寒羊是我国优良的肉皮兼用地方品种，具有体格大、生长发育快、早熟、繁殖力强、性能遗传稳定、适应性强等特点。2002 年山东省颁布了《小尾寒羊品种标准——山东省地方标准》，规定了小尾寒羊的品种特征、特性、分级标准、鉴定规则。

1. 产地与分布

小尾寒羊原产于河北南部、河南东部和东北部、山东南部及皖北、苏北一带。主要分布于山东省的嘉祥、曹县、汶上、梁山等县及苏北、皖北、河南的部分地区。产区属黄淮冲积平原，地势较低，土质肥沃，气候温和。年平均气温为 13～15℃，1 月份为 -14～0℃，7 月份为 24～29℃，年降水量为 500～900 毫米，无霜期 160～240 天。产区是我国小麦、杂粮和经济作物的主要产区之一，农作物可一年两熟或两年三熟，农副产品丰富，

可为养羊提供大量的饲草饲料。

2. 体型外貌

小尾寒羊体型匀称，体质结实，鼻梁隆起，耳大下垂（图2-1）。公羊头大颈粗，有较大螺旋形角；母羊头小颈长，有小角、姜角或角根。公羊前胸较深，鬐甲高，背腰平直，体躯高大，侧视呈方形。四肢粗壮，蹄质结实。脂尾略呈椭圆形，下端有纵沟，尾长不超过跗关节。毛白色、异质，有少量干死毛，少数个体头部有色斑，有的羊眼圈周围有黑色刺毛。根据被毛形态可分为裘皮型、细毛型和粗毛型3种，三者比例分别为52.89%、39.58%和7.53%。裘皮型小尾寒羊数量较多，其体格较大，产羔率高，毛股清晰，花弯多而明显，花穗美观，制裘价值高；细毛型小尾寒羊毛细而密，毛股不清晰，花弯少，体质紧凑，体格较小，产肉好。粗毛型小尾寒羊数量较少，体格大而骨骼疏松，

母　羊

公　羊

图2-1　小尾寒羊

毛股花弯大，羊毛粗硬干燥，有较多的干死毛。

3. 体尺和体重

小尾寒羊体尺和体重指标如表 2–1 所示。

表 2–1 小尾寒羊体尺和体重指标

年 龄	母羊				公羊			
	体 高（厘米）	体 长（厘米）	胸 围（厘米）	体 重（千克）	体 高（厘米）	体 长（厘米）	胸 围（厘米）	体 重（千克）
3 月龄	65	65	75	24	68	68	80	26
	63	63	70	20	65	65	75	22
	55	55	65	18	60	60	70	20
	50	50	60	16	55	55	65	18
6 月龄	75	75	85	42	80	80	90	46
	70	70	80	35	75	75	85	38
	65	65	75	31	70	70	75	34
	60	60	70	28	65	65	70	31
周 岁	80	80	95	60	95	95	105	90
	75	75	90	50	90	90	100	75
	70	70	85	45	85	85	95	67
	65	65	80	40	80	80	90	60
成 年	85	85	100	66	100	100	120	120
	80	80	95	55	95	95	110	100
	75	75	90	49	90	90	105	90
	70	70	85	44	85	85	100	81

4. 繁殖性能

母羊初情期 5～6 月龄，6～7 月龄可配种受胎，发情周期 16.67 ± 0.19 天。妊娠期 148.33 ± 2.44 天。母羊常年发情、配种，以春、秋季节较为集中，每个产羔周期为 8 个月。初产母羊产羔率在200%以上，经产母羊在250%以上，产羔指数指标如表2–2所示。公羊8月龄即可配种。

表2–2　产羔指数指标

产羔类型	等级产羔数			
	特　级	一　级	二　级	三　级
初　产	3	2	2	1
经　产	4	3	2	1

5. 生产性能

（1）体重　3月龄公羔断奶重22千克以上，母羔20千克以上；6月龄公羔38千克以上，母羔35千克以上；周岁公羊75千克以上，母羊约50千克；成年公羊100千克以上，母羊55千克以上。

（2）产肉性能　8月龄的公、母羊屠宰率在53%左右，净肉率在40%以上，肉质好。

（3）产毛性能　成年公羊年剪毛量约4千克，母羊2千克以上；净毛率在60%以上。

（4）毛皮品质　羔皮板皮轻薄、花穗明显、花案美观；板皮质地坚韧，弹性好，适宜制裘、制革。

（二）湖　羊

湖羊具有早熟、四季发情、多胎多羔、繁殖力强、泌乳性能好、生长发育快、有理想的产肉性能、肉质好、耐高温高湿等优良性状。主要分布于我国太湖地区，由于受到太湖的自然条件和人为选择的影响，逐渐育成独特的一个稀有品种，所以称为“湖羊”。

1. 体型外貌

湖羊体格中等，头狭长，鼻梁隆起，多数耳大下垂，公、母羊均无角，颈细长，体躯狭长，背腰平直，腹微下垂，尾扁圆，尾尖上翘，四肢偏细而高。被毛全白，腹毛粗、稀而短，体质结实（图 2-2）。

图 2-2　湖　羊

2. 生产性能

湖羊羔皮为出生当天所剥的羔皮，毛色洁白，具有扑而不散的波浪花和片花及其他花纹，光泽好，板皮轻薄而致密。袍羔皮：为 3 月龄左右羔羊所宰剥的毛皮。毛股长 5～6 厘米，花纹松散，板皮轻薄。老羊皮：成年羊屠宰后所剥下的湖羊皮是制革的好原料。羔羊生长发育快，3 月龄断奶体重，公羔 25 千克以上，母羔 22 千克以上。成年羊体重，公羊 65 千克以上，母羊 40 千克以上。屠宰率 50%左右，净肉率 38%左右。

3. 繁殖性能

湖羊的繁殖季节一般安排在春季 4～5 月份配种，秋季 9～10 份月产羔，一年一胎。但一部分羊也可适当调整，在 9～11 月份配种，翌年 2～4 月份产羔，但秋配春产的羊不宜留种，只准用于肉羊生产。在正常饲养条件下，可一年二胎或二年三胎，每胎一般二羔，经产母羊平均产羔率 220%以上。

二、常见的高繁殖力引入绵羊品种

（一）东弗里生羊

东弗里生羊源于欧洲北海群岛及沿海岸的沼泽绵羊。荷兰的弗里生省既是包括荷斯坦奶牛在内的弗里生（黑白花）奶牛的发源地，也是弗里生奶绵羊的发源地之一。东弗里生羊原产于德国东北部，是目前世界绵羊品种中产奶性能最好的品种。

1. 产地与分布

东弗里生羊原产于德国东北部，有的国家利用东弗里生羊培育合成母系和新的乳用品种。我国也引入了该品种。

2. 体型外貌

东弗里生羊体格大，体型结构良好。公、母羊均无角，被毛白色，偶有纯黑色个体出现。体躯宽长，腰部结实，肋骨拱圆，臀部略有倾斜，尾瘦长无毛。乳房结构优良、宽广，乳头良好（图 2–3）。

图 2–3　东弗里生羊

3. 生产性能

（1）**体重**　活重成年公羊 90～120 千克，成年母羊 70～90 千克。

（2）**剪毛量**　成年公羊剪毛量 5～6 千克，成年母羊剪毛量 4.5 千克。羊毛长度 10～15 厘米。羊毛同质，羊毛细度

46～56支，净毛率60%～70%。

（3）产奶性能 成年母羊260～300天产奶量500～810千克，乳脂率6%～6.5%。波兰的东弗里生羊日产奶3.75千克，最高纪录达到1个泌乳期产奶1 498千克。

4. 繁殖性能

母羔在4月龄达初情期，发情季节持续时间约为5个月，平均正常发情8.8次。欧洲北部的东弗里生羊与芬兰的兰德瑞斯羊和俄罗斯的罗曼诺夫羊都属于高繁殖率品种，东弗里生羊的产羔率为200%～230%。

东弗里生羊是经过几个世纪的良好饲养管理和认真的遗传改良培育出的高产奶量品种，该品种性情温顺，适于固定式挤奶系统。目前，这一品种被用来同其他品种进行杂交以提高母羊的产奶量和繁殖力。

（二）杜 泊 羊

杜泊羊原产于南非共和国。是该国在1942—1950年，用从英国引入的有角陶赛特公羊与当地的波斯黑头母羊杂交，经选择和培育而成的肉用羊品种。南非于1950年成立杜泊肉用绵羊品种协会，促使该品种得到迅速发展。目前，杜泊羊品种已分布到南非各地。杜泊羊分长毛型和短毛型。长毛型羊生产地毯毛，较适应寒冷的气候条件；短毛型羊毛短，被毛没有纺织价值，但能较好地抗炎热和雨淋。大多数南非人喜欢饲养短毛型杜泊羊，因此现在该品种的选育方向主要是短毛型。

1. 产地与分布

杜泊羊在培育时主要是适应于南非较干旱的地区，但现在已广泛分布在南非各地。在多种不同草地草原和饲养条件下它都有良好表现，在精养条件下表现更佳。我国山东、河南、辽宁、北京等省（直辖市）近年来已有引进，杜泊羊被推广到我国各地的温带各气候类型，都表现出良好的适应性，耐热抗寒，耐粗饲，因体宽腿短，30°以上坡地放牧稍差，但在较平缓的丘陵地区放牧采食和游走表现很好。

2. 体型外貌

根据杜泊羊头颈的颜色，分为白头杜泊和黑头杜泊 2 种（图 2–4、图 2–5）。

母羊

公羊

图 2–4　白头杜泊羊

母羊

公羊

图 2–5　黑头杜泊羊

这两种羊体躯和四肢皆为白色，头顶部平直、长度适中，额宽，鼻梁隆起，耳大稍垂，既不短也不过宽。颈粗短，肩宽厚，背平直，肋骨拱圆，前胸丰满，后躯肌肉发达。四肢强健而长度适中，肢势端正。整个身体犹如一架高大的马车。杜泊绵羊分长毛型和短毛型两个品系。长毛型羊生产地毯毛，较适应寒冷的气候条件；短毛型羊被毛较短（由发毛或绒毛组成），能较好地抗炎

热和雨淋，杜泊羊一年四季不用剪毛，因为它的毛可以自由脱落。

3. 生产性能

（1）产肉性能 杜泊羊个体高度中等，体躯丰满，体重较大。成年公羊和母羊的体重分别在120千克和85千克左右。杜泊羔羊生长迅速，羔羊平均日增重200克以上，断奶重大，以产肥羔肉特别见长，3.5～4月龄的杜泊羊体重可达36千克，屠宰胴体约为16千克，4月龄屠宰率51%，净肉率45%左右，肉骨比9.1∶1，料重比1.8∶1。胴体品质好，肉质细嫩、多汁、色鲜、瘦肉率高，被国际誉为“钻石级肉”。羔羊不仅生长快，而且具有早期采食的能力，特别适合生产肥羔肉。

（2）繁殖性能 杜泊羊公羊5～6月龄性成熟，母羊5月龄性成熟；公、母羊分别为12～14月龄和8～10月龄体成熟，杜泊羊为常年发情，不受季节限制。在良好的生产管理条件下，杜泊母羊可在一年四季的任何时期产羔，母羊的产羔间隔期为8个月。在饲料条件和管理条件较好的情况下，母羊可达到二年三胎，一般产羔率能达到150%，在一般放养条件下，产羔率为100%。由大量初产母羊组成的羊群中，产羔率在120%左右。该品种具有很好的保姆性与泌乳力，这是羔羊成活率高的重要原因。

（3）种用性能 杜泊羊遗传性能稳定，无论纯繁后代或改良后代，都表现出极好的生产性能和适应能力，特别是产肉性能，是我国引进和国产的肉用绵羊品种不可比拟的。该品种皮质优良，是理想的制革原料。

杜泊羊具有良好的抗逆性。在较差的放牧条件下，许多品种羊不能生存时，它却能存活。即使在相当恶劣的条件下，母羊也能产出并带好一头质量较好的羊羔。由于当初培育杜泊羊的目的在于适应较差的环境，加之这种羊具备内在的强健性和非选择的食草性，使得该品种在肉用绵羊中有较高的地位。

杜泊羊食草性强，对各种草不挑剔，这一优势很有利于饲养管理。在大多数羊场中，可以进行放养，也可饲喂其他品种家畜

较难利用或不能利用的各种草料，羊场中既可单养杜泊羊，也可混养少量的其他品种，使较难利用的饲草资源得到利用。

（三）夏洛莱羊

原产于法国中部的夏洛莱丘陵和谷地。以英国莱斯特羊、南丘羊为父本，当地的细毛羊为母本杂交育成。1963 年命名为夏洛莱肉羊，1974 年法国农业部正式承认该品种。

1. 体型外貌

公、母羊均无角，额宽、耳大，颈短粗，肩宽平，胸宽而深，肋骨拱圆，背部肌肉发达，体躯呈圆桶状，身腰长，四肢较矮，肢势端正，肉用体型良好。被毛同质，白色，被毛匀度有时略差（图 2–6）。

母　羊

公　羊

图 2–6　夏洛莱羊

2. 生产性能

成年体重公羊 100～150 千克，母羊 75～95 千克；成年公羊剪毛量 3～4 千克，成年母羊剪毛量 1.5～2.2 千克，毛长 4～7 厘米，毛纤维细度 25.5～29.5 微米；早熟，羔羊生长发育快，一般 6 月龄公羔体重 48～53 千克，母羔 38～43 千克，7 月龄出栏的标准公羔 50～55 千克，母羔 40～45 千克，胴体质量好，瘦肉多，脂肪少，屠宰率在 55% 以上；耐粗饲，采食能力强，

对寒冷和干热气候适应性较好；母羊为季节性发情，在法国，一般在8月中旬至翌年1月份发情，但发情旺季在9～10月份，初产母羊产羔率为135.32%，经产母羊产羔率为182.37%。

3. 改良效果与用途

20世纪80年代以来，内蒙古、河北、河南等省（自治区），先后引入数批夏洛莱羊。根据饲养观察，夏洛莱羊采食力强，食草快，不挑食，易于适应变化的饲养条件。杂交一代羊体型外貌基本与父本夏洛莱羊相似，呈圆桶状，颈粗短，胸宽，背腰平、宽、直，尻平，臀部发育良好，肌肉丰满，四肢短粗，被毛白色，但四肢下部及头、耳等部多有黄褐色。杂交一代羊10月龄活重49.2千克，胴体重27.16千克，屠宰率55.2%。该品种可作为生产肥羔的优良父本品种。

三、常见的高繁殖力地方山羊品种

（一）黄淮山羊

黄淮山羊产于我国黄淮海平原南部，该流域自然资源丰富，在当地农民长期的饲养过程中，经过自然选择和人工选择，使体型较大，生长速度快，性成熟早，产羔率高的公羊、母羊得以选留，年复一年繁衍后代，久而久之形成了适应于黄淮流域饲养条件和自然环境的黄淮山羊。黄淮山羊以适应性强，采食能力强，抗病力强，肉质鲜美，皮张质量好，遗传稳定等优点深受黄淮流域广大农民的欢迎。

1. 产地与分布

黄淮山羊产于黄淮平原地区，主要分布在河南周口地区的沈丘、淮阳、项城、郸城和驻马店、许昌、信阳、商丘、开封等地；安徽的阜阳、宿州、滁州、六安及合肥、蚌埠、淮北、淮南等市郊；江苏的徐州、淮阴两地区沿黄河故道及丘陵地区各县。

2. 体型外貌

黄淮山羊结构匀称，骨骼较细。鼻梁平直，眼大，耳长而立，面部微凹，下颌有髯。分有角和无角两个类型，67%左右有角。有角者，公羊角粗大，母羊角细小，向上向后伸展呈镰刀状；无角者，仅有0.5～1.5厘米的角基。公羊头大颈粗，胸部宽深，背腰平直，腹部紧凑，体躯呈桶形，外貌雄伟，睾丸发育良好，有毛髯和肉髯。母羊颈长，胸宽，背平，腰大而不下垂，乳房大，质地柔软。被毛白色，毛短有丝光，绒毛很少（图2–7）。

母羊

公羊

图2–7　黄淮山羊

3. 生产性能

（1）产肉性能　黄淮山羊初生重，公羔平均为2.6千克，母羔平均为2.5千克。2月龄重公羔平均为7.6千克，2月龄母羔平均为6.7千克。9月龄重公羊平均为22千克，相当于成年母羊体重的62.3%。成年公羊体重平均为33.9千克，成年母羊平均为25.7千克。

在产区，习惯于春季生的羔羊冬季屠宰，一般在7～10月龄屠宰。肉质鲜嫩，膻味小。个别也有到成年时屠宰的。7～10月龄的羯羊宰前重平均为16千克，胴体重平均为7.5千克，屠宰率平均为47.13%。成年羯羊平均宰前重为26.32千克，平均屠宰率为45.9%；成年母羊平均屠宰率为51.93%。

（2）**板皮性能** 黄淮山羊的板皮为汉口路羊皮的主要来源，板皮致密坚韧，表面光洁，毛孔细匀，分层多，拉力强，弹性好，是国内著名的制革原料。黄淮山羊板皮一般取自晚秋、初冬宰杀的7～10月龄羊的皮，面积为1 889～3 555厘米^2，皮重0.25～1千克。板皮呈蜡黄色，细致柔软，油润光亮，弹性好，是优良的制革原料。

（3）**繁殖性能** 黄淮山羊性成熟早，初配年龄一般为4～5月龄。发情周期为18～20天，发情持续期为24～48小时。妊娠期为145～150天。母羊产羔后20～40天发情。一年二胎或二年三胎。产羔率平均为238.66%，其中单羔占15.41%，双羔占43.75%，3羔以上占40.84%。繁殖母羊的可利用年限为7～8年。

黄淮山羊对不同生态环境有较强的适应性，性成熟早，繁殖力强，板皮质量好。为充分利用该品种，应开展选育工作，提高产肉性能，推行羔羊肉生产。

在选育过程中，应充分考虑提高肉用性能的同时，注意杂交强度和与配羊的品种性能，尤其是不能因片面强调产肉性能而导致板皮质量下降。

（二）南江黄羊

南江黄羊，是四川南江县以纽宾奶山羊、成都麻羊、金堂黑山羊为父本，南江县本地山羊为母本，采用复杂育成杂交方法培育的，后又导入吐根堡奶山羊的血缘，经过长期的选育而成的肉用型山羊品种，1995年10月经过南江黄羊新品种审定委员会审定，1996年11月通过国家畜禽遗传资源管理委员会羊品种审定委员会实地复审，1998年4月被农业部批准正式命名。南江黄羊不仅具有性成熟早、生长发育快、繁殖力高、产肉性能好、适应性强、耐粗饲、遗传性稳定的特点，而且肉质细嫩、适口性好、板皮品质优。南江黄羊适宜于在农区、山区饲养，是目前我国山羊品种中产肉性能较好的品种之一。

1. 体型外貌

南江黄羊原产于四川省南江县。

南江黄羊全身被毛黄褐色，毛短富有光泽。颜面黑黄，鼻梁两侧有一对称的浅黄色条纹（图 2–8）。公羊颈部及前胸被毛黑黄粗长。枕部沿背脊有一条黑色毛带，腰荐十字部后渐浅。头大小适中，母羊颜面清秀。大多数有角，少数无角。耳较长或微垂，鼻梁微隆。公、母羊均有毛髯，少数羊颈下有肉髯。颈长短适中，与肩部结合良好；胸深而广，肋骨开张；背腰平直，尻部倾斜适中；四肢粗壮，肢势端正，蹄质坚实。体质结实，结构匀称。体躯略呈圆筒形。公羊额宽，头部雄壮，睾丸发育良好。母羊乳房发育良好。

母羊　　公羊

图 2–8　南江黄羊

2. 生产性能

①体重　一级羊体尺和体重标准见表 2–3。

表 2–3　一级羊体尺和体重标准下限

年　龄	性　别	体重（千克）	体高（厘米）	体长（厘米）	胸围（厘米）
6 月龄	公　羊	25	55	57	65
	母　羊	20	52	54	60

续表 2-3

年　龄	性　别	体重（千克）	体高（厘米）	体长（厘米）	胸围（厘米）
周　岁	公　羊	35	60	63	75
	母　羊	28	56	59	70
成　年	公　羊	60	72	77	90
	母　羊	40	65	68	80

注：体尺体重测量方法：

测量用具：测量体重用台秤或地秤称量。测量体高、体长用测杖，测量胸围用软尺。

羊只姿势：测量体尺时应注意羊只端正地站在平坦的地面上，使前、后肢均处于一条直线，头自然向前抬望。

体重：在早晨空腹时进行，使用以千克为计量单位的台秤或地秤称重。

体高：用测杖测量鬐甲最高处至地面的垂直距离。

体长：用测杖测量肩胛前缘至坐骨结节的直线距离。

胸围：用软尺测量肩胛后缘绕经前胸部的周长。

②产肉性能　10 月龄羯羊胴体重 12 千克以上，屠宰率 44% 以上，净肉率 32% 以上。

③繁殖性能　母羊的初情期 3～5 月龄，公羊性成熟 5～6 月龄。初配年龄公羊 10～12 月龄，母羊 8～10 月龄。母羊常年发情，发情周期 19.5 ± 3 天，发情持续期 34 ± 6 小时，妊娠期 148 ± 3 天，产羔率：初产 140%，经产 200%。

3. 等级评定

（1）评定时间　6 月龄、周岁、成年 3 个阶段。

（2）评定内容　体型外貌、体重体尺、繁殖性能、系谱。

（3）评定方法

①外貌等级划分　按体型外貌评分表评出总分，再按外貌等级划分标准划出等级。体型外貌评分表（表 2-4），外貌等级划分表（表 2-5）。

表 2–4　体型外貌评分表

项　目		评分要求	满　分	
			公	母
外貌	被　毛	被毛黄色，富有光泽，自枕部沿背脊有一条由粗到细的黑色毛带，至十字部后不明显，被毛短浅，公羊颈与前胸有粗黑长毛和深色毛髯，母羊毛髯细短色浅	14	13
	头　型	头大小适中，额宽面平，鼻微拱，耳大长直或微垂	8	6
	外　形	体躯略呈圆筒形，公羊雄壮，母羊清秀	6	5
	小　计		28	24
体躯	颈	公羊粗短，母羊较长，颈肩结合良好	6	6
	前　躯	胸部深广，肋骨开张	10	10
	中　躯	背腰平直，腹部较平直	10	10
	后　躯	荐宽，尻丰满斜平适中。母羊乳房呈梨形，发育良好，无副乳头	12	16
	四　肢	粗壮端正，蹄质结实	10	10
	小　计		48	52
发育	外生殖器	发育良好，公羊睾丸对称，母羊外阴正常	10	10
	整体结构	肌肉丰满，膘情适中，体质结实，各部结构匀称，紧凑	14	14
	小　计		24	24
	总　计		100	100

表 2–5　外貌等级划分表（单位：分）

等　级	公　羊	母　羊
特　级	≥ 95	≥ 95
一　级	≥ 85	≥ 85
二　级	≥ 80	≥ 75
三　级	≥ 75	≥ 65

②体尺和体重等级划分　体尺和体重等级划分见表 2–6。

表 2–6　体尺和体重等级划分

年龄	等级	公羊				母羊			
		体高（厘米）	体长（厘米）	胸围（厘米）	体重（千克）	体高（厘米）	体长（厘米）	胸围（厘米）	体重（千克）
6月龄	特级	62	65	72	28	58	60	65	23
	一级	55	57	65	25	52	54	60	20
	二级	50	52	60	22	48	50	55	17
	三级	45	47	55	19	44	46	50	15
周岁	特级	67	70	82	40	62	66	77	32
	一级	60	63	75	35	56	59	70	28
	二级	55	58	70	30	52	55	65	24
	三级	50	53	65	25	48	51	60	21
成年	特级	79	85	99	69	72	75	87	45
	一级	72	77	90	60	65	68	80	40
	二级	67	72	84	55	60	63	75	36
	三级	62	66	78	50	55	58	70	32

注：成年公羊 3 岁，成年母羊 2.5 岁。

③繁殖性能等级划分

种母羊繁殖性能：种母羊繁殖性能划分见表 2–7。

表 2–7　繁殖性能等级划分

等级	年产窝数	窝产羔数
特级	≥ 2.0	≥ 2.5
一级	≥ 1.8	≥ 2.0
二级	≥ 1.5	≥ 1.5
三级	≥ 1.2	≥ 1.2

种公羊精液品质：南江黄羊种公羊每次射精量 1 毫升以上，精子密度每毫升达 20 亿个以上，精子活力 0.7 以上。公羊每天采精 2 次，连续采精 3 天休息 1 天。

④个体品质等级评定　个体品质根据体重（经济重要性权重 0.36）、体尺（经济重要性权重 0.24）、繁殖性能（经济重要性权重 0.3）、体型外貌（经济重要性权重 0.1）指标进行等级综合评定。综合评定见表 2–8。

表 2–8　个体品质等级评定

体型外貌	体尺体重															
	特　级				一　级				二　级				三　级			
	繁殖性能				繁殖性能				繁殖性能				繁殖性能			
	特	一	二	三	特	一	二	三	特	一	二	三	特	一	二	三
特　级	特	特	特	一	一	一	一	二	一	二	二	二	二	二	三	三
一　级	特	特	一	二	一	一	二	二	二	二	二	二	二	三	三	三
二　级	特	一	二	二	一	二	二	二	二	二	二	三	三	三	三	三
三　级	一	一	二	二	二	二	三	三	二	二	三	三	三	三	三	三

⑤系谱评定等级划分　系谱评定等级划分见表 2–9。

表 2–9　系谱评定等级划分

母　羊	公　羊			
	特　级	一　级	二　级	三　级
特　级	特	一	一	二
一　级	特	一	二	三
二　级	一	一	二	三
三　级	二	二	二	三

⑥综合评定　种羊等级综合评定，以个体品质（经济重要性权重 0.7）、系谱（经济重要性权重 0.3）两项指标进行评定（表 2–10）。

表 2–10　种羊等级综合评定

系谱	个体品质															
	特级				一级				二级				三级			
特级	特	特	特	特	一	一	一	二	一	二	二	二	二	二	二	二
一级	特	特	特	一	一	一	二	二	二	二	二	二	二	三	三	三
二级	特	一	一	一	二	二	二	二	二	二	二	三	三	三	三	三
三级	一	一	一	一	二	二	二	二	二	二	三	三	三	三	三	三

南江黄羊是国家农业部重点推广的肉用山羊品种之一，该品种已被推广到福建、浙江、陕西、河南、湖北等 10 多个省，对各地方山羊品种的改良效果显著。

（三）马头山羊

马头山羊产于湖北省的郧阳、恩施市及湖南省常德市，是生长速度较快、体型较大、肉用性能最好的地方山羊品种之一。1992 年被国际小母牛基金会推荐为亚洲首选肉用山羊，也是我国国家农业部重点推广的肉用山羊品种。

1. 品种特性

马头山羊属肉、皮兼用型，具有体型大、生长快、屠宰率高、肉质细嫩、板皮性能好、繁殖力强、杂交亲和力好、适应性强等特点。马头山羊抗病力强、适应性广、合群性强，易于管理，丘陵山地、河滩湖泊、农家庭院、草地均可放牧饲养，也适于圈养，在我国南方各省都能适应。华中、西南、云贵高原等地引种，放牧羊，表现良好，经济效益显著。

2. 体型外貌

马头山羊头型似马，行走时步态如马，性情迟钝，群众俗称“懒羊”。马头山羊按被毛长短可分为长毛型和短毛型两种类型，按背脊可分为“双脊”和“单脊”两类，以“双脊”和“长毛”型品质较好。

公、母羊均无角，两耳平直略向下垂；被毛全白。马头山羊体型外貌见图 2-9。

图 2-9　马头山羊

3. 生产性能

（1）肉用性能　用 6 月龄，12 月龄，18 月龄公、母、羯羊的胴体重和屠宰率表示，在放牧加舍饲条件下应符合表 2-11 的规定。

表 2-11　6 月龄、12 月龄和 18 月龄马头山羊肉用性能

月龄	性别	屠宰前活重（千克）		胴体重（千克）		屠宰率（%）	
		平均数	范　围	平均数	范　围	平均数	范　围
6月龄	公	18.7	15.5～21.0	7.7	5.1～9.3	41.4	38～44
	母	17.3	14.7～19.5	6.9	5.7～7.4	39.8	37～43
	羯	20.5	18.4～23.9	8.7	6.4～9.6	42.6	39～47

续表 2–11

月龄	性别	屠宰前活重（千克）		胴体重（千克）		屠宰率（%）	
		平均数	范 围	平均数	范 围	平均数	范 围
12月龄	公	28.5	23.5～30.0	12.6	9.8～14.5	44.1	41～47
	母	24.3	21.5～27.7	10.7	8.6～12.7	43.2	40～46
	羯	31.8	28.3～35.8	15.8	13.9～18.3	49.8	46～54
18月龄	公	35.6	32.4～40.5	17.9	15.0～21.1	50.4	48～52
	母	32.3	29.3～36.1	15.6	13.3～20.2	48.3	46～50
	羯	40.2	35.8～41.5	21.2	17.5～23.2	52.8	50～56

（2）**繁殖性能**　公羊和母羊全年均可繁殖，母羊初情期 3～5 月龄，适配年龄 6～8 月龄。初产母羊窝产羔数不低于 1.7，经产母羊窝产羔数不低于 2.2；母羊利用年限不低于 5 年。公羊初情期 3～4 月龄，适配年龄 9～10 月龄，全年均可配种；采精频率每天 1～2 次（间隔 6 小时），射精量 1～2 毫升 / 次，利用年限 5～7 年。

4. 等级评定

（1）**评定方法**　以综合评分法评定等级；分特级、一级、二级 3 个等级。

（2）**评定依据**　以体型外貌（表 2–12）、生长性状（体重、体尺）（表 2–13）、繁殖性状（表 2–14、表 2–15）为评定依据。

表 2–12　马头山羊体型外貌综合评定表

项　目	体型外貌标准
整体结构	体质结实、结构匀称；公羊雄壮，母羊清秀敏捷
头、颈肩部	头部大小适中，面长额宽，眼大突出有神，嘴齐，头顶横轴凹下，密生卷曲鬃毛，鼻梁平直，耳平直略向下倾斜，部分羊颌下有 2 个肉髯，母羊颈部细长，公羊颈短粗壮，颈肩结合良好

续表 2–12

项　目	体型外貌标准
前　躯	发达，肌肉丰满，胸宽而深，肋骨开张良好
背、腹部	背腰平直，腹圆，大而紧凑
后　躯	较前躯略宽，尻部宽，倾斜适度，臀部和腿部肌肉丰满，肷窝明显；母羊乳房基部宽广，方圆，附着紧凑，向前延伸，向后突出，质地柔软，大小适中，有效乳头 2 个；公羊睾丸发育良好，左右对称，附睾明显，富有弹性，适度下垂
四　肢	四肢匀称，刚劲有力；系部紧凑强健，关节灵活；蹄质结实，蹄壳呈乳白色，无内向、外向、刀状姿势
皮肤与被毛	皮肤致密富有弹性，肤色粉红；全身被毛短密贴身，毛色全白而有光泽

表 2–13　马头山羊生长性状评定标准

月　龄	性　别	等　级	体重（千克）	胸围（厘米）	体斜长（厘米）
3	公　羊	特　级	14	54	52
		一　级	11	51	49
		二　级	8	48	46
	母　羊	特　级	14	53	51
		一　级	11	50	48
		二　级	8	47	45
6	公　羊	特　级	23	64	60
		一　级	19	60	56
		二　级	15	56	52
	母　羊	特　级	22	63	58
		一　级	18	59	54
		二　级	14	55	50

续表 2-13

月　龄	性　别	等　级	体重（千克）	胸围（厘米）	体斜长（厘米）
12	公　羊	特　级	33	75	70
		一　级	29	71	66
		二　级	25	67	62
	母　羊	特　级	30	73	68
		一　级	26	69	64
		二　级	22	65	60
18	公　羊	特　级	42	83	77
		一　级	37	78	72
		二　级	32	73	67
	母　羊	特　级	38	80	75
		一　级	33	75	70
		二　级	28	70	65

表 2-14　马头山羊公羊繁殖性能评定标准

等　级	3 月龄，6 月龄	12 月龄，18 月龄		
	同胞数（只）	性欲强弱 爬跨间隔时间（分钟）	射精量（毫升）	鲜精活力（%）
特　级	≥ 4	1	1.6～2.0	≥ 90
一　级	≥ 2	2	1.3～1.5	85～89
二　级	1	5	1.0～1.2	80～84

表 2-15　马头山羊母羊繁殖性能评定标准

等　级	3 月龄，6 月龄	12 月龄，18 月龄
	同胞数（只）	窝产活羔数（只）
特　级	≥ 4	3
一　级	≥ 2	2
二　级	1	1

四、常见的高繁殖力引入山羊品种

（一）努比亚山羊

努比亚山羊是世界著名的肉、乳、皮兼用型山羊品种之一，原产于非洲埃及，体高与萨能羊相当，产肉量高于萨能羊，性情温顺，繁殖力强，不耐寒冷，但耐热性能强。

1. 产地与分布

努比亚山羊原产于非洲东北部的埃及、苏丹及邻近的埃塞俄比亚、利比亚、阿尔及利亚等国，在英国、美国、印度、东欧及南非等国都有分布，具有性情温顺、繁殖力强等特点。我国引入的努比亚山羊多来源于美国、英国和澳大利亚等国，主要饲养在四川省成都市、简阳市，广西壮族自治区，湖北省房县等地。

2. 体型外貌

努比亚山羊体格较大，外表清秀，具有“贵族”气质。头短小，耳大下垂，公、母羊无髯无角，面部轮廓清晰，鼻骨隆起，为典型的“罗马鼻”。耳长宽，紧贴头部下垂。颈部较长，前胸肌肉较丰满。体躯较短，呈圆筒状，尻部较短，四肢较长。毛短细，色较杂，以带白斑的黑色、红色和暗红色居多，也有纯白者。在公羊背部和股部常见短粗毛（图 2–10）。

母羊

公羊

图 2–10　努比亚山羊

3. 生产性能

（1）**产肉性能** 羔羊生长快，产肉多。成年羊平均体重公羊79.38千克，成年母羊61.23千克。

（2）**泌乳性能** 努比亚山羊性情温顺，泌乳性能好，母羊乳房发育良好，多呈球形。泌乳期一般为5～6个月，产奶量一般为300～800千克，盛产期日产奶2～3千克，高者可达4千克以上，乳脂率4%～7%，奶的风味好。我国四川省饲养的努比亚奶山羊，平均一胎261天产奶375.7千克，二胎257天产奶445.3千克。

（3）**繁殖性能** 努比亚奶山羊繁殖力强，1年可产2胎，每胎2～3羔。四川省简阳市饲养的努比亚奶山羊，妊娠期149天，各胎平均产羔率190%，其中一胎为173%，二胎为204%，三胎为217%。

努比亚奶山羊原产于干旱炎热地区，因而耐热性好，我国引入与地方山羊杂交提高了当地山羊的肉用性能和繁殖性能，深受我国养羊户的喜爱。努比亚奶山羊是较好的杂交肉羊生产母本，也是改良本地山羊较好的父本，四川省用它与简阳本地山羊杂交，获得较好的杂交优势，形成了全国知名的简阳大耳羊品种类群。

（二）波尔山羊

波尔山羊原产于南非，以后被引入德国、新西兰、澳大利亚等国，我国也有引入。是目前世界上最著名的肉用山羊品种。

波尔山羊具有生长快、抗病力强、繁殖率高、屠宰率和饲料报酬高的特点，同时具备肉质好，胴体瘦肉率高，膻味小，多汁鲜嫩等优质羊肉特点，是世界上唯一经多年生产性能测验、目前最受欢迎的肉用山羊品种。波尔山羊性情温顺，易于饲养管理，对各种不同的环境条件具有较强的适应性。

1. 品种特征

波尔山羊是肉用山羊品种，具有体型大、生长快；屠宰率高，肉质细嫩；繁殖率强，泌乳性能好；板皮厚，品质好；适应性强，耐粗饲；抗病力强和遗传性能稳定等特点。

2. 体型外貌

（1）头部　头部粗大，眼大有神呈棕色；额部突出，鼻呈鹰钩状；角坚实，长度适中。公羊角基粗大，角向后、向外弯曲。母羊角细而直立。公羊有髯。耳长而大，宽阔下垂。

（2）颈肩部　颈粗，长度适中，与体长相称；肩宽肉厚，颈肩结合良好。

（3）体躯与腹部　前躯发达，肌肉丰满；鬐甲宽阔，胸宽而深，肋骨开张，背部肌肉宽厚；体躯呈圆筒形；腹部紧凑；尻部宽，臀部和腿部肌肉丰满；尾根粗而平直，上翘；母羊乳房发育良好（图 2–11）。

母羊

公羊

图 2–11　波尔山羊

（4）四肢　四肢粗壮，长度适中、匀称；系关节坚韧，蹄壳坚实，呈黑色。

（5）皮肤与被毛　全身皮肤松软，颈部和胸部有明显皱褶，尤以公羊为甚。眼睑和无毛部分有棕红色斑。全身被毛短而密，有光泽，有少量绒毛。头颈部和耳为棕红色或棕色，允许延伸到肩胛部。额端和唇端有一条不规则的白鼻通。体躯、胸、腹部与四肢为白色，尾部为棕红色或棕色，允许延伸到臀部。尾下无毛区着色面积应达75%以上，呈棕红色。允许少数全身被毛棕红色或棕色。

（6）**性器官** 公羊阴囊下垂明显，两个睾丸大小均匀，结构良好。

4. 生产性能

（1）**生长发育** 羔羊平均初生重为公3.8千克，母3.5千克；6月龄平均重公羊35千克，母羊30千克；成年羊体重公羊为80～110千克，母羊60～75千克。300日龄日增重135～140克/日。

（2）**肉用性能** 屠宰率：6～8月龄活重40千克时，屠宰率为48%～52%；成年羊屠宰率为52%～56%。皮脂厚度：1.2～3.4毫米。骨肉比为1∶6～7。

（3）**繁殖性能** 公羊8月龄性成熟，12月龄以上用于配种；母羊7月龄性成熟，10月龄以上配种。经产母羊产羔率为190%～230%。

5. 等级评定指标

（1）**等级评定依据** 体型外貌符合品种特性的前提下，主要应以体尺、体重作为等级评定依据。

（2）**体尺和体重** 波尔山羊体尺和体重见表2-16。

表2-16 波尔山羊体尺和体重

年 龄	性 别	等 级	体高（厘米）	体斜长（厘米）	胸围（厘米）	体重（千克）
周 岁	公 羊	特 级	65	75	85	55
		一 级	60	70	80	50
		二 级	55	65	76	45
周 岁	母 羊	特 级	60	65	78	45
		一 级	56	60	75	42
		二 级	52	55	72	38

续表 2–16

年　龄	性　别	等　级	体高（厘米）	体斜长（厘米）	胸围（厘米）	体重（千克）
成　年	公　羊	特　级	80	90	110	100
		一　级	75	84	97	90
		二　级	70	78	90	80
	母　羊	特　级	72	80	95	75
		一　级	67	76	90	70
		二　级	62	72	85	65

体尺测量方法：

测量用具：测量体高、体长用测体卡尺；测量胸围用皮尺。

测量部位：

体高：由鬐甲最高点至地面垂直高度。

体斜长：从肩端最前突起至坐骨结节后端之间的长度。

胸围：肩端后缘绕胸廓 1 周的长度。

测量要求：测量时要使羊站在平坦、坚实的地面，四肢直立，并分别在一条直线上，头部自然前伸。

（3）种羊登记与评定

①周岁以后方可申请登记和等级评定。

②等级评定按本标准执行，并建立相关档案。

（4）种羊出售

①种羊出售应符合《种畜禽管理条例》有关规定。

②后备羊出售应在 6 月龄以上，并符合本标准规定的品种特征。

③用于人工授精的种公羊应达到一级以上。

波尔山羊体质强壮，适应性强，善于长距离放牧采食，适宜于灌木林及山区放牧，适应热带、亚热带及温带气候环境饲养。抗逆性强，能防止寄生虫感染。与地方山羊品种杂交，能显著提高后代的生长速度及产肉性能。

我国引入波尔山羊主要用于杂交改良地方山羊，提高后代的肉用性能，一般作为终端杂交父本使用，进行肉羊生产。也有的地方用该品种进行级进杂交，彻底改变地方山羊的生产方向和显著提高杂交后代的肉用性能。

（三）萨能奶山羊

萨能奶山羊产于瑞士，是世界上最优秀的奶山羊品种之一，是奶山羊的代表型。现有的奶山羊品种几乎半数以上都不同程度地含有萨能奶山羊的血缘。

1. 品种特性

萨能奶山羊具有典型的乳用家畜体型特征，后躯发达。被毛白色，偶有毛尖呈淡黄色，有四长的外貌特点，即头长、颈长、躯干长、四肢长，后躯发达，乳房发育良好。公、母羊均有髯，大多无角（图 2–12）。

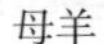

母羊

公羊

图 2–12　萨能奶山羊

2. 产地与分布

原产于瑞士，是奶山羊品种的代表，分布最广，除气候十分炎热或非常寒冷的地区外，世界各国几乎都有，现在半数以上的奶山羊品种都有它的血缘。

3. 生产性能

成年体重公羊75～100千克，最高120千克，母羊50～65千克，最高90千克，母羊泌乳性能良好，泌乳期8～10个月，可产奶600～1 200千克，世界各国不同环境条件下，产奶量差异较大。最高个体产奶记录3 430千克。母羊产羔率一般为170%～180%，高者可达200%～220%。

五、种羊的选择

生产中种羊的选择方法主要有根据体型外貌和生理特点选择与根据生产性能记录资料选择两种方法，选种时群体选择和个体选择交叉进行。

（一）根据体型外貌和生理特点选择

选种要在对羊只进行体型外貌和生理特点鉴定的基础上进行。羊的鉴定有个体鉴定和等级鉴定两种，都按鉴定的项目和等级标准准确地进行等级评定。个体鉴定要按项目进行逐项记载，等级鉴定则不做具体的个体记录，只写等级编号。

需要进行个体鉴定的羊包括特级、一级公羊和其他各级种用公羊，准备出售的成年公羊和公羔，特级母羊和指定做后裔测验的母羊及其羔羊。除进行个体鉴定的羊只以外都做等级鉴定，前面所介绍的羊品种有国家标准和农业行业标准的我们已经一一列出，没有相关标准的羊品种等级标准可根据育种目标的要求自行制定选育标准，等级鉴定的相关内容在此不再赘述。

羊的鉴定一般在体型外貌、生产性能得到充分表现，且有可能做出正确判断的时候进行。公羊一般在到了成年，母羊第一次产羔后对生产性能予以测定。为了培育优良羔羊，对初生、断奶，6月龄、周岁的时候都要进行鉴定，裘皮型的羔羊，在羔皮和裘皮品质最好时进行鉴定。后代的品质也要进行鉴定，主要通

过各项生产性能测定来进行。对后代品质的鉴定，是选种的重要依据。凡是不符合要求的及时淘汰，合乎标准的作为种用。除了对个体鉴定和后裔的测验之外，对种羊和后裔的适应性、抗病力等方面也要进行考察。

1. 羊的个体鉴定具体方法

个体鉴定首先要确定羊只的健康情况，健康是生产的重要基础。健康无病的羊只一般活泼、好动，肢势端正，乳房形态、功能好，体况良好，不过肥也不过瘦，精神饱满，食欲良好，不会离群索居。有红眼病、腐蹄病、瘸腿的羊只，都不宜作为种用。

在健康的基础上进行羊的外貌鉴定，体型外貌应符合品种标准，无明显失格（图 2–13）。

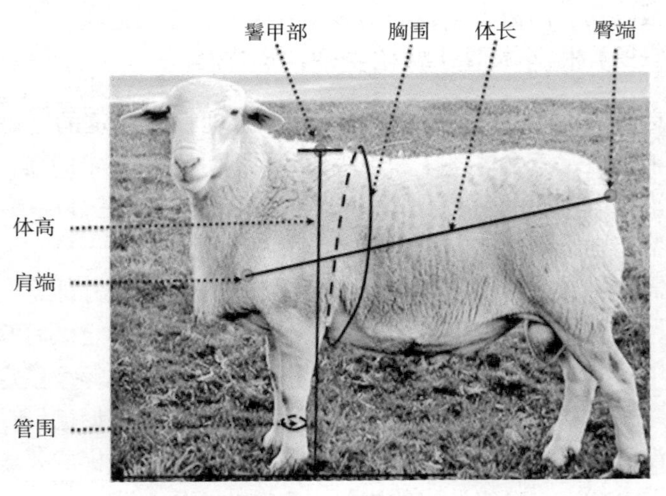

图 2–13　羊的体尺

（1）嘴型　正常的羊嘴是上颌和下颌对齐。上、下颌对合不良，比较严重时就会影响正常采食。要确定羊上、下颌对合情况，宜从侧面观察。若下颌或上颌突出，则属于遗传缺陷。下颌短者，俗称鹦鹉嘴。上颌短者，俗称猴子嘴（图 2–14）。

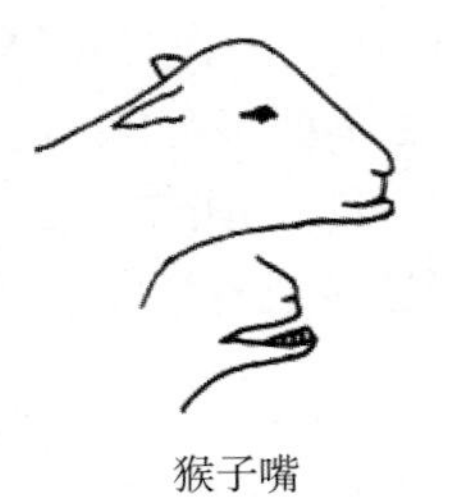

鹦鹉嘴　　猴子嘴　　正常嘴

图 2-14 羊的嘴型

（2）牙齿 羊的牙齿状况依赖于它的食物及其生活的土壤环境。采食粗饲料多的羊只牙齿磨损较快。在咀嚼功能方面，臼齿较切齿更重要。它们主要负责磨碎食物。要评价羊的牙齿磨损情况，需要进行检查（图 2-15）。不要直接将手指伸进羊口中，否则会被咬伤。臼齿有问题的羊多伴有呼吸急促的症状。有牙病的羊不宜留种。

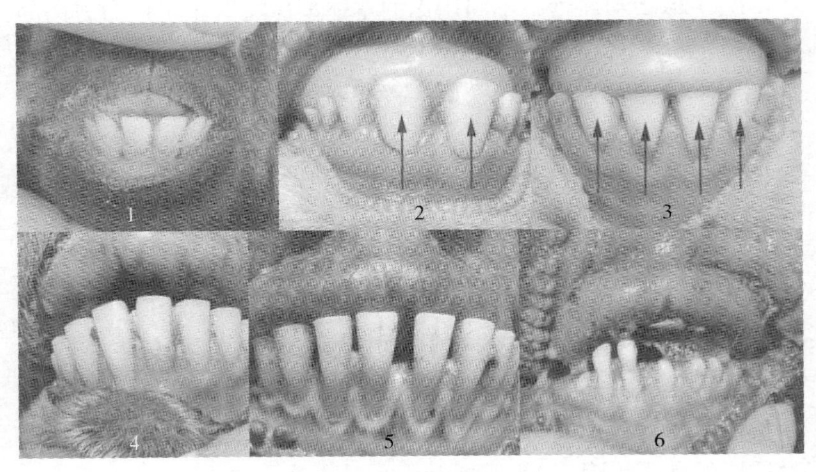

图 2-15 羊的年龄鉴定

1. 羔羊　2. 1周岁羊　3. 2周岁羊　4. 3周岁羊　5. 5周岁羊　6. 6周岁以上羊

（3）蹄部和腿部 健康的羊只，应是肢势端正，球节和膝关节坚实，角度合适。肩胛部、髋骨、球节倾角适宜，一般应为45°左右，不能太直，也不能过分倾斜。蹄腿部有轻微毛病者一般不影响生活力和生产性能，但失格比较严重的往往生活力较差。蹄甲过长、畸形、开裂者或蹄甲张开过度的羊只均不宜留种（图2–16、图2–17）。

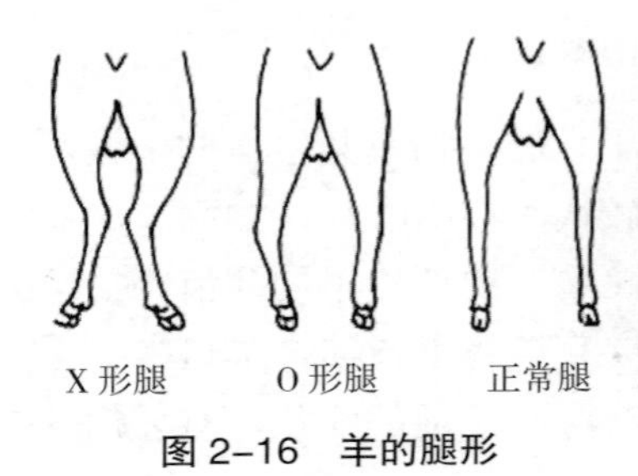

图2–16　羊的腿形

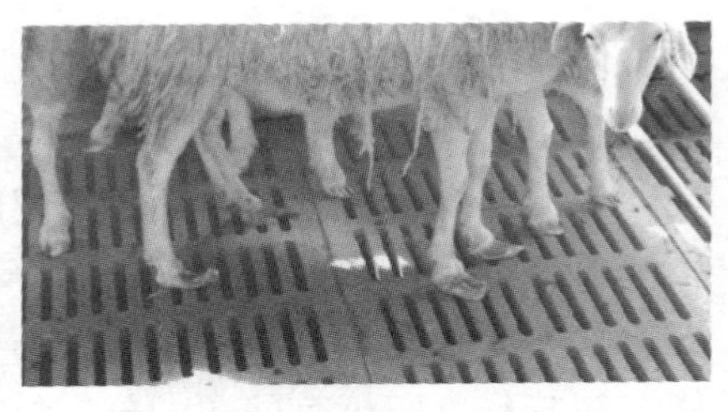

图2–17　羊的蹄甲过长

（4）**体型和体格**　不同用途的羊体型应符合主生产力方向的要求，如肉羊体型应呈细致疏松型，乳用羊体型为细致紧凑型，而毛用羊体型则为细致疏松型。各种用途的羊的体格都要求骨骼坚实，各部连接良好，躯体大。个体过小者应被淘汰。公羊应外表健壮，雄性十足，肌肉丰满。母羊一般体质细腻，头清秀细长，身体各部角度线条比较清晰。

（5）**乳房**　母羊乳房大小因年龄和生理状态不同而异。应触诊乳房，确定是否健康无病和功能正常。若乳房坚硬或有肿块者，应及时淘汰。乳房应有2个功能性的乳头，乳头应无失格。乳房下垂、乳头过大者都不宜留种，乳房发育不良的母羊没有种用价值。此外，也应对公羊的乳头进行检查。公羊也应有2个发育适度的乳头（图2–18）。

（6）**睾丸**　公羊睾丸的检查需要触诊。正常的睾丸应是质地坚实，大小均衡，在阴囊中移动比较灵活。若有硬块，有可能患有睾丸炎或附睾炎。若睾丸质地正常，但睾丸和阴囊周径较小，也不宜留种。阴囊周径随品种、体况、季节变化，青年公羊的阴囊圆径一般应在 30 厘米以上，成年公羊的应在 32 厘米以上（图 2–19）。

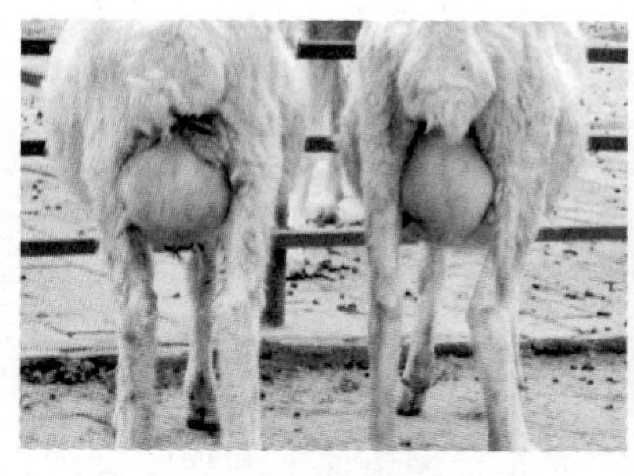

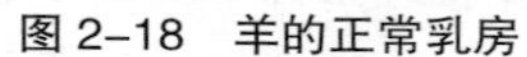

图 2–18　羊的正常乳房

图 2–19　羊的正常睾丸

2. 生产性能鉴定

羊的生产性能主要指的是主要经济性状的生产能力，包括产肉性能、产毛、皮性能、产奶性能、生长发育性能、生活力和繁殖性能等，前面我们介绍了羊的生产性能评价指标和羊的生产性能测定方法，依据评价指标在生产中对种羊的生产性能进行评定，指导种羊群的选种和育种工作。同时，必须系统记录羊的生产性能测定结果，根据测定内容不同设计不同形式的记录表格，可以是纸质表格，也可以建立电子记录档案，保存在电子计算机中，特别是记录时间长、数据量大时使用电子记录更便于进行相关数据分析。

（二）根据记录资料进行选择

种羊场应该做好羊只主要经济性状的成绩记录，应用记录资料的统计结果采取适当的选种方法，能够获得更好的选育效果。

1. 根据系谱资料进行选择

这种选择方法适合于尚无生产性能记录的羔羊、育成羊或后备种羊，根据它们的双亲和祖代的记录成绩和遗传结果进行选择。系谱选择主要是通过比较其祖先的生产性能记录来推测它们稳定遗传祖先优秀性状的能力，据遗传原理可知，血缘关系越近的祖先对后代的影响越大，所以选种时最重要的参考资料是父、母的生产记录，其次是祖代的记录。系谱选择对于低遗传力性状如繁殖性状的选择效果较好。

系谱审查要求有详细记载，因此凡是自繁的种羊应做详细的记载，购买种羊时要向出售单位和个人，索取卡片资料，在缺少记载的情况下，只能根据羊的个体鉴定作为选种的依据，无法进行血缘的审查。

2. 根据本身成绩进行选择

本身成绩是羊生产性能在一定饲养管理条件下的现实表现，它反映了羊自身已经达到的生产水平，是种羊选择的重要依据。这种选择法对遗传力高的性状（如肉用性能）选择效果较好，因为这类性状稳定遗传的可能性大，只要选择了好的亲本就容易获得好的后代。

（1）根据本身成绩选择 公羊对群体生产性能改良作用巨大，选择优秀公羊可以改善每只羔羊的生产性能，加快群体重要经济性状的遗传进展。在一般中小型羊场，80%～90%的遗传进展是通过选择公羊得到的，其余10%～20%是通过选择母羊得到的。小型羊场一般都需要从外面购买公羊，这时要特别重视公羊的质量。

在使用多个公羊的群体内，可用羔羊断奶重和断奶重比率来进行公羊种用价值评定。在评估公羊生产性能时，需要考虑公羊与母羊的比率，将母羊羔羊窝重调整为公羊羔羊窝重。

（2）根据母羊本身成绩选择 对每只母羊，可用实际断奶重或矫正90日龄断奶重进行评价。也可以计算母羊生产效率评价。

母羊生产效率＝（每年羔羊断奶窝重÷断奶时母羊体重）× 100

从上面公式可见，母羊生产效率在50%～100%。生产效率

越高，则饲料转化率越高，利润越大。

3. 根据同胞成绩进行选择

可根据全同胞和半同胞两种成绩进行选择。同父同母的后代个体间互称全同胞，同父异母或同母异父的后代个体间互称半同胞。它们之间有共同的祖先，在遗传上有一定的相似性，能对种羊本身不表现性状的生产优势做出判断。这种选择方法适合限性性状或活体难以度量性状的选择，如种公羊的产羔潜力、产奶潜力就只能用同胞、半同胞母羊的产羔或产奶成绩来选择，种羊的屠宰性能则以屠宰的全同胞、半同胞的实测成绩来选择。

4. 根据后裔成绩进行选择

根据系谱、本身记录和同胞成绩选择可以确定选择种羊个体的生产性能，但它的生产性能是否能真实稳定地遗传给后代，就要根据其所产后代（后裔）的成绩进行评定，这样就能比较正确地选出优秀种羊个体。但是这种选择方法经历的时间长，耗费的人力、物力多，一般只有非常重要的选种工作才会开展后裔测定，如通过近交建系法建立优秀家系则可以采用此法。

公羊后裔测定的基本方法是：使公羊与相同数量、生产性能相似的母羊进行交配。然后记录母羊号、母羊年龄、产羔数、羔羊初生重、断奶日龄等信息，计算矫正 90 日龄断奶重、断奶比率等指标，然后进行比较。在产羔数相近的情况下，以断奶重和断奶重比率为主比较公羊的优劣。

5. 根据综合记录资料进行选择

反映种羊生产性能的有多个性状，每个性状的选择可靠性对不同的记录资料有一定差异。对成年种羊来说，其亲本、后代、自身等均有生产性能记录资料，就可以根据不同性状与这些资料的相关性大小，上下代成绩表现进行综合选择，以选留更好的种羊。

（三）做好后备种羊的选留工作

为了选种工作顺利进行，选留好后备种羊是非常必要的。后

备种羊的选留要从以下几个方面进行：

1. 选窝（看祖先）

从优良的公、母羊交配后代中，全窝都发育良好的羔羊中选择。母羊需要选择第二胎以上的经产多羔羊。

2. 选 个 体

要在初生重和生长各阶段增重快、体尺好、发情早的羔羊中选择。

3. 选 后 代

要看种羊所产后代的生产性能，是不是将父、母代的优良性能传给了后代，凡是没有这方面的遗传，不能选留。

后备母羊的数量，一般要达到需要数的3～5倍，后备公羊的数也要多于需要数，以防在育种过程中有不合格的羊不能种用而数量不足。

六、羊的引种

（一）引种的原则

1. 根据生产目的引进合适的羊品种

在引入羊种之前，要明确本养羊场的主要生产方向，全面了解拟引进品种羊的生产性能，以确保引入羊种与生产方向一致。例如，长江以南地区，适于山羊饲养，在寒冷的北方则比较适合于绵羊饲养，山区丘陵地区也较适于山羊饲养。有的地区也有相当数量的地方羊种，只是生产水平相对较低，这时引入的羊种应该以肉用性能为主，同时兼顾其他方面的生产性能。可以通过场家的生产记录、近期测定站公布的测定结果以及有关专家或权威机构的认可程度了解该羊种的生产性能，包括生长发育性能、生活力和繁殖力、产肉性能、饲料消耗、适应性等进行全面了解。同时，要根据相应级别（品种场、育种场、原种场、商品生产

场）选择良种。如有的地区引进纯系原种，其主要目的是为了改良地方品种，培育新品种、品系或利用杂交优势进行商品羊生产；也有的羊场引进杂种代直接进行肉羊生产。

确保引进生产性能高而稳定的羊种。根据不同的生产目的，有选择性地引入生产性高而稳定的品种，对各品种的生产特性进行正确比较。例如，从肉羊生产角度出发，既要考虑其生长速度、出栏时间和体重，尽可能高地增加肉羊生产效益，又要考虑其繁殖能力，有的时候还应考虑肉质，同时要求各种性状能保持稳定和统一。

花了大量的财力、物力引入的良种要物尽其用，各级单位要充分考虑到引入品种的经济、社会和生态效益，做好原种保存、制种繁殖和选育提高的育种计划。

2. 选择市场需求的品种

根据市场调研结果，引入能满足市场需要的羊种。不同的市场需求不同的品种，如有些地区喜欢购买山羊肉，有些地区则喜食绵羊肉，并且对肉质的需求也不尽相同。生产中则要根据当地市场需求和产品的主要销售地区选择合适的羊种。

3. 根据养殖实力选择羊种

要根据自己的财力，合理确定引羊数量，做到既有钱买羊，又有钱养羊。俗话说“兵马未动，粮草先行”。准备购羊前要备足草料，修缮羊舍，配备必要的设施。刚步入该行业的养羊户不适合花太多钱引进国外品种，也不适合搞种羊培育工作。最好先从商品肉羊生产入手，因为种羊生产投入高、技术要求高，相对来说风险大，待到养殖经验丰富、资金积累成熟时再从事种羊养殖、制种推广。

（二）引种方法

1. 到规模化育种场引进种羊

引羊时要注意地点的选择，一般要到该品种的主产地去。国

外引进的羊品种大都集中饲养在国家、省级科研部门及育种场内，在缺乏对品种的辨别时，最好不要到主产地以外的地方去引种，以免上当受骗。引种时要主动与当地畜牧部门取得联系。

2. 做好引种准备

引种前要根据引入地饲养条件和引入品种生产要求做好充分准备。

（1）准备圈舍和饲养设备　圈舍、围栏、采食、饮水、卫生维护等基础设施的准备到位，饲养设备做好清洗、消毒，同时备足饲料和常用药物。如果两地气候差异较大，则要充分做好防寒保暖工作，以减少环境应激，使引入品种能逐渐适应气候的变化。

（2）培训技术人员　技术人员能够做到熟悉不同生理阶段种羊饲养技术，具备对常见问题的观察、分析和解决能力，能够做到指导和管理饲养人员，对羊群的突发事件能够及时采取相应措施。

3. 做到引种程序规范，技术资料齐全

（1）签订正规引种合同　引种时一定要与供种场家签订引种合同，内容应注明品种、性别、数量、生产性能指标，售后服务项目及责任、违约索赔事宜等。

（2）索要相关技术资料　不同羊种、不同生理阶段生产性能、营养需求、饲养管理技术手段都会有差异，因此引种时应向供种方索要相关生产技术材料，有利于生产中参考。

（3）了解种羊的免疫情况　不同羊场种羊免疫程序和免疫种类有可能有差异，因此必须了解供种场家已经对种羊做过何种免疫，避免引种后重复免疫或者漏免造成不必要的损失。

4. 保证引进健康、适龄种羊

羊只的挑选是引种的关键，因此到现场参与引羊的人，最好是有养羊经验的人，能够准确把握羊的外貌鉴定，能够挑选出品质优良的个体，会看羊的年龄，了解羊的品质。到种羊场去引羊，首先要了解该羊场是否有畜牧部门签发的《种畜禽生产许可

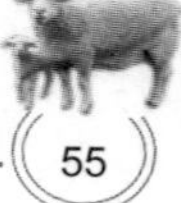

证》《种羊合格证》及《系谱耳号登记》，三者是否齐全。若到主产地农户收购，应主动与当地畜牧部门联系，也可委托畜牧部门办理，让他们把好质量关。挑选时，要看羊的体型外貌是否符合品种标准，公羊要选择 1～2 岁，手摸睾丸富有弹性，注意不购买单睾羊；手摸有痛感的多患有睾丸炎，膘情中上等但不要过肥过瘦。母羊多选择周岁左右，这些羊多半正处在配种期，母羊要强壮，乳头大而均匀，视群体大小确定公、母羊比例，一般比例要求 1∶15～20，群体越小，可适当增加公羊数，以防近交。

5. 确定适宜的引羊时间

引羊最适季节为春、秋两季，因为这两个季节气温不高，也不太冷，冬季在华南、华中地区也能进行，但要注意保温设备。引羊最忌在夏季，6～9 月份天气炎热、多雨，大都不利于远距离运羊。如果引羊距离较近，不超过 1 天的时间，可不考虑引羊的季节。如果引地方良种羊，这些羊大都集中在农民手中，所以要尽量避开“夏收”和“三秋”农忙时节，这时大部分农户顾不上卖羊，选择面窄，难以把羊引好。

6. 运输注意事项

羊只装车不要太拥挤，一般加长挂车装 50 只，冬天可适当多几只、夏天要适当少几只，汽车运输要匀速行驶，避免急刹车，一般每 1 小时左右要停车检查一下，趴下的羊要及时拉起，防止踩、压，特别是山地运输更要小心。途中要及时给予充足的饮水，羊只装车时要带足当地羊喜吃的草料，1 天要给料 3 次，饮水 4～5 次（图 2–20）。

7. 严格检疫，做好隔离饲养

引种时必须符合国家法规规定的检疫要求，认真检疫，办齐一切检疫手续。严禁进入疫区引种。引入品种必须单独隔离饲养，一般种羊引进后隔离饲养观察 2 周，重大引种则需要隔离观察 1 个月，经观察确认无病后方可入场。有条件的羊场可对引入品种及时进行重要疫病的检测。

图 2–20　种羊运输过程的装车（上）、卸车（下）

8. 要注意加强饲养管理和适应性锻炼

引种第一年是关键性的一年，应加强饲养管理，要做好引入种羊的接运工作，并根据原来的饲养习惯，创造良好的饲养管理条件，选用适宜的日粮类型和饲养方法。在运输过程中为防止水土不服，应携带原产地饲料供途中或到达目的地时使用。根据引进种羊对环境的要求，采取必要的降温或防寒措施。

第三章
羊的发情鉴定和同期发情技术

一、羊的发情鉴定

（一）羊的发情生理

1. 羊的发情

发情指母羊表现的一系列有利于交配的现象。绵羊发情持续期为 24～36 小时，山羊 40 小时左右。排卵时间在发情结束时。山羊发情表现明显，绵羊发情征状不明显。发情主要表现为咩叫、追逐公羊、个别的还爬跨其他母羊。

正常的发情主要有 3 方面的征状：即卵巢变化、生殖道变化和行为变化。

（1）卵巢变化　母羊发情开始之前，卵巢上的卵泡已开始生长，至发情前 2～3 天卵泡发育迅速，卵泡内膜增生，至发情时卵泡已发育成熟，卵泡液分泌增多；此时，卵泡壁变薄而突出表面。在激素的作用下，促使卵泡壁破裂，致使卵子被挤压而排出。

（2）行为变化　母羊发情时由于发育的卵泡分泌雌激素，并在少量孕酮作用下，刺激神经中枢，引起性兴奋，使母羊常表现兴奋不安、对外界的变化刺激十分敏感，食欲减退，放牧时常离群独自行走。

（3）生殖道变化　母羊发情时，外阴部表现充血、水肿、松软、阴蒂充血且有勃起；阴道黏膜充血、潮红；子宫和输卵管平滑肌的蠕动加强，子宫颈松弛，子宫黏膜上皮细胞和子宫颈黏膜上皮杯状细胞增生，腺体增大，分泌功能增强，有黏液分泌。发情盛期黏液量多，且稀薄透明，发情前期黏液量少、稀薄，而发情末期黏液量少且浓稠。

2. 羊的发情周期

发情周期是指母羊初情期后到性功能衰退前，生殖器官及整个有机体发生的一系列周期性的变化。发情周期的计算是指从一次发情的开始到下一次发情开始的间隔时间。山羊的发情周期平均为 21 天，绵羊的发情周期为 16～17 天。在母羊发情周期中，根据机体所发生的一系列生理变化，可分为 4 个阶段。

（1）发情前期　这是卵泡发育的准备时期。此期的特征是：上一个发情周期所形成的黄体进一步退化萎缩，卵巢上开始有新的卵泡生长发育；雌激素也开始分泌，使整个生殖道血液供应量开始增加，引起毛细血管扩张伸展，渗透性逐渐增强，阴道和阴门黏膜有轻度充血、肿胀；子宫颈略微松弛，子宫腺体略有生长，腺体分泌活动逐渐增加，分泌少量稀薄黏液，阴道黏膜上皮细胞增生，但尚无性欲表现。

（2）发情期　是母羊性欲达到高潮时期。此期特征是：愿意接受公羊交配，卵巢上的卵泡迅速发育，雌激素分泌增多，强烈刺激生殖道，使阴道及阴门黏膜充血肿胀明显，子宫黏膜显著增生，子宫颈充血，子宫颈口开张，子宫肌层蠕动加强，腺体分泌增多，有大量透明稀薄黏液排出。多数是在发情期的末期排卵。

（3）发情后期　是排卵后黄体开始形成的时期。此期特征是：母羊由性欲激动逐渐转入安静状态，卵泡破裂排卵后雌激素分泌显著减少，黄体开始形成并分泌孕酮作用于生殖道，使充血肿胀逐渐消退，子宫肌层蠕动逐渐减弱，腺体活动减少，黏液量

少而稠，子宫颈管逐渐封闭，子宫内膜逐渐增厚，阴道黏膜增生的上皮细胞脱落。

（4）间情期　又称休情期，是黄体活动时期。此期特征是：母羊性欲已完全停止，精神状态恢复正常。间情期的前期，黄体继续发育增大，分泌大量孕酮作用于子宫，使子宫黏膜增厚，表层上皮呈高柱状，子宫腺体高度发育增生，大而弯曲分支多，分泌作用强，如果卵子受精，这一阶段将延续下去，母羊不再发情。如未受胎的在间情期后期，增厚的子宫内膜回缩，呈矮柱状，腺体缩小，腺体分泌活动停止，周期黄体也开始退化萎缩，卵巢有新的卵泡开始发育，又进入下一次发情周期的前期。

（二）羊的适配年龄

1. 公羊的适配年龄

性成熟是公羊生殖器官和生殖功能发育趋于完善、达到能够产生具有受精能力的精子，并有完全的性行为的时期。

公羊到达性成熟的年龄与体重的增长速度呈正相关性。公羊在达到性成熟时，身体仍在继续生长发育。配种过早，会影响身体的正常生长发育，并且降低繁殖力。通常是把公羊开始配种的年龄，在达到性成熟后推迟数月。体重也是很重要的指标，通常要求公羊的体重接近成年时才开始配种。绵羊和山羊在6～10月龄时性成熟，以12～18月龄开始配种为宜，此即为公羊的适配年龄（初配适龄）。

2. 母羊的适配年龄

母羊在出生以后，身体各部分不断生长发育，通常把母羊出生后第一次出现发情的时期称为初情期（绵羊一般为6～8月龄，山羊一般为4～6月龄）。当生殖器官和生殖功能发育趋于完善、具备了正常繁殖能力的时期，称为性成熟。母羊到性成熟时，并不等于达到适宜的配种年龄。母羊适宜的初配年龄应以体重为依据，即体重达到正常成年体重的70%以上时才可以开始配种，此时配种繁殖一般不影响母体和胎儿的生长发育。适宜的初配时期也要考虑年龄，绵羊和山羊的适宜初配年龄一般为 10～12 月龄。

因为初配年龄与肉羊的经济效益密切相关，即生产中要求越早越好，所以在掌握适宜初配年龄的情况下，不要过分地推迟初配年龄，做到适时、按时配种。

（三）羊的发情鉴定

羊发情鉴定的方法主要有外部观察法、阴道检查法、公羊试情法。

1. 外部观察法

直接观察母羊的行为、征状和生殖器官的变化来判断其是否发情，这是鉴定母羊是否发情最基本、最常用的方法。山羊发情时，尾巴直立，不停摇晃（图 3–1）；绵羊发情时外阴红肿明显（图 3–2）。

图 3–1　山羊发情征状

图 3–2　绵羊发情时外阴红肿

2. 阴道检查法

将开膣器插入母羊阴道，检查生殖器官的变化，如阴道黏膜的颜色潮红充血，黏液增多，子宫颈松弛等，可以判定母羊已发情（图 3–3）。

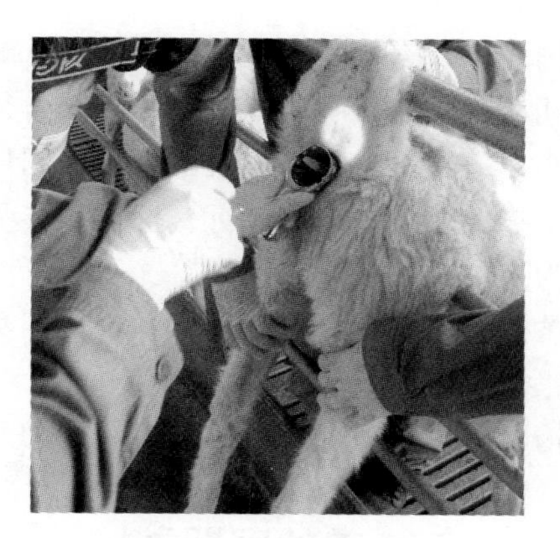

图 3–3　羊阴道检查

3. 公羊试情法

用公羊对母羊进行试情，根据母羊对公羊的行为反应，结合外部观察来判定母羊是否发情。试情公羊要求性欲旺盛，营养良好，健康无病，一般每 100 只母羊配备试情公羊 2～3 只。试情公羊需做输精管切断手术或戴试情布。试情布一般宽 35 厘米，长 40 厘米，在四角扎上带子，系在试情公羊腹部。然后把试情公羊放入母羊群，如果母羊已发情便会接受试情公羊的爬跨（图 3–4、图 3–5）。

图 3–4　公羊试情

图 3–5　发情母羊接受公羊爬跨

4. 注意事项

①羊的发情鉴定的主要方法是试情法，结合外部观察法。

②母羊发情后，兴奋不安、反应敏感，食欲减退，有时反刍停止，母羊之间相互爬跨，咩叫摇尾，靠近公羊，接受爬跨。给公羊戴上试情布，放入母羊群中，公羊开始嗅闻母羊外阴。发情好的母羊会主动靠近公羊并与之亲近，摇尾，接受公羊爬跨。试情公羊的比例为 1∶20～30。

③发情母羊阴道红肿、充血、湿润、有透明黏液流出，子宫颈口松弛、开张，呈深红色。

④山羊发情时，尾巴上翘，不停地左右摇摆。

二、羊的同期发情

同期发情又称同步发情，就是利用激素人为地控制和调整母羊的发情周期，使之在预定时间内集中发情。羊常用的同期发情方法有以下几种。

（一）孕激素处理法

向待处理的母羊施用孕激素，用外源孕激素继续维持黄体分泌孕酮的作用，造成人为的黄体期而达到发情同期化（图 3–6）。

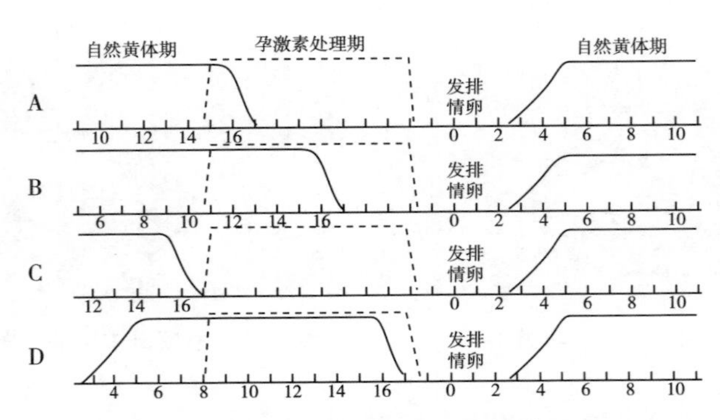

图 3–6　延长黄体期法同期发情的原理

（注：A、B、C、D 分别代表四只母羊）

1. 口服孕激素

每天将定量的孕激素药物拌在饲料内，通过母羊采食服用，持续12～14天，主要激素药物及每只羊的总使用量为孕酮150～300毫克；甲羟孕酮40～60毫克；甲基孕酮80～150毫克；氟孕酮30～60毫克；18甲基炔诺酮30～40毫克。

每只羊每天的用药量为总使用量的1/10，要求药物与饲料搅拌均匀，使采食量相对一致。最后1天口服停药后，随即注射孕马血清400～750单位。通常在注射孕马血清后2～4天内发情。

2. 肌内注射

由于孕酮类属脂溶性物质，用油剂溶解后，一般常用于肌内注射。每天按一定药物用量注射到处理羊的皮下或肌肉内，持续10～12天后停药。这种方法剂量易控制，也较准确，但需每天操作处理，比较麻烦。"三合激素"只处理1～3天，大大减少了操作日程，较为方便。但"三合激素"的同期发情率却偏低，在注射后2～4天内只有部分羊只出现发情。

3. 阴道栓塞法

将乳剂或其他剂型的孕激素按剂量制成悬浮液，然后用泡沫海绵浸取一定药液，或用表面敷有硅橡胶，其中包含一定量孕激素制剂的硅橡胶环构成的阴道栓（图3–7），用尼龙细线把阴道

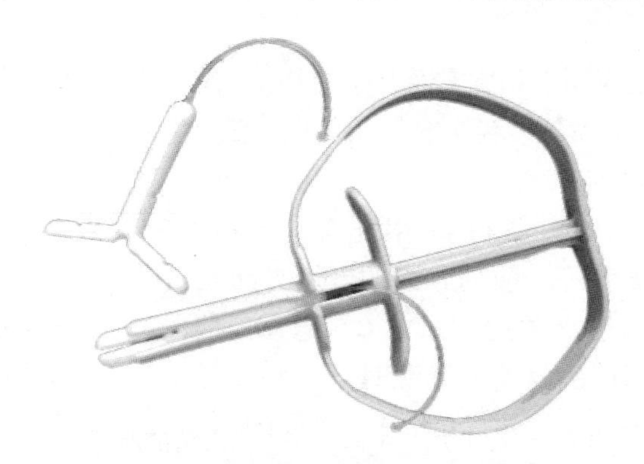

图3–7　阴道栓（CIDR）和置栓器

栓连起来，塞进阴道深处子宫颈外口，尼龙细线的另一端留在阴门外，以便停药时拉出栓塞物。阴道栓一般在12～16天后取出，也可以施以9～12天的短期处理或16～18天的长期处理。但孕激素处理时间过长，对受胎率有一定影响。为了提高发情同期率，在取出栓塞物的当天可以肌内注射孕马血清400～750单位。通常在注射孕马血清后2～4天内发情。此法同期发情效果显著，目前，在生产中使用比较多，但要求操作必须规范，否则容易导致羊阴道炎的发生。

4. 皮下埋植法

一般丸剂可直接用于皮下埋植，或将一定量的孕激素制剂装入管壁有小孔的塑料细管中，用专门的埋植器将药丸或药管埋在羊耳背皮下，经过15天左右取出药物，同时注射孕马血清500～800单位。通常母羊在注射孕马血清后2～4天内发情，相对同期发情效果也显著，但此法成本比较高。

人工合成的孕激素，即外源孕激素作用期太长，将改变母羊生殖道环境，使受胎率有所降低，因此可以在药物处理后的第一个情期过程中不配种，待第二个发情期出现时再实施配种，这样既有相当高的同期发情率，受胎率也不会受影响。

（二）溶解黄体法

此法是应用前列腺素及其类似物使黄体溶解，从而使黄体期中断，停止分泌孕酮，再配合使用促性腺激素，从而引起母羊发情。

用于同期发情的国产前列腺素F型及类似物有15甲基PGF_{2a}、前列烯醇和PCF_{la}甲酯等。进口的有高效的氯前列烯醇和氟前列烯醇等。前列腺素的施用方法是直接注入子宫颈或肌内注射。注入子宫颈的用量为0.5毫克；肌内注射一般为1～2毫克。应用国产的氯前列烯醇时，在每只母羊颈部肌内注射1毫升含0.1毫克的氯前列烯醇，1～5天内可获得70%以上的同期发情率，效果十分显著。

但前列腺素对处于发情周期 5 天以前的新生黄体溶解作用不大，因此前列腺素处理法对少数母羊无作用，应对这些无反应的羊进行第二次处理。还应注意，由于前列腺素有溶解黄体的作用，已妊娠母羊会因孕激素减少而发生流产，因此要在确认母羊属于空怀时才能使用前列腺素处理。

（三）欧宝棉栓法

欧宝棉栓（OB）（图 3–8）系由棉条与缓释孕酮类似物及雌二醇类似物粉末压制而成。作用是持续释放孕激素，当同时撤除 OB 栓时，促进母羊同期发情。

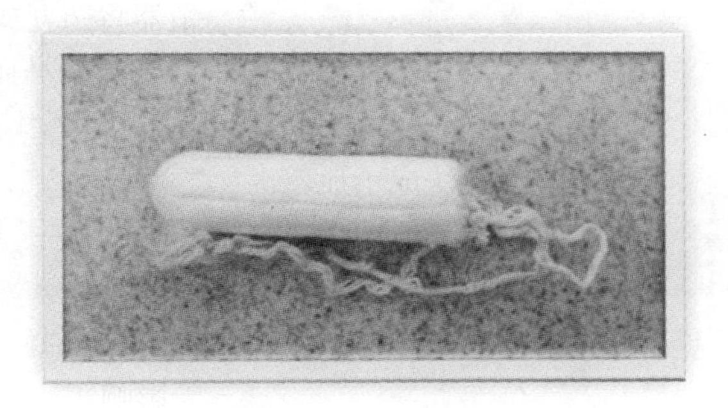

图 3–8　欧宝棉栓

在发情季节中对空怀母羊群进行同期发情处理。将母羊外阴消毒擦干，撕开 OB 栓中间封条，隔着包装拿着前端，取下后端的包装，将细绳拉直，用经消毒的止血钳（或镊子）夹住 OB 栓后端，取下前端包装，将前端 1/2 涂抹红霉素软膏（图 3–9）。将母羊阴门分开，把 OB 栓插入到子宫颈阴道部附近，绳头留在阴门外（图 3–10）。放栓 9～14 天后，拉住绳头将 OB 栓缓慢抽出（图 3–11、图 3–12）。撤栓前 1 天每只母羊注射氯前列烯醇 0.1 毫克。撤栓后每天用试情公羊查情 2 次。发现母羊发情 4～8 小时后第一次授精，间隔 12 小时第二次授精。

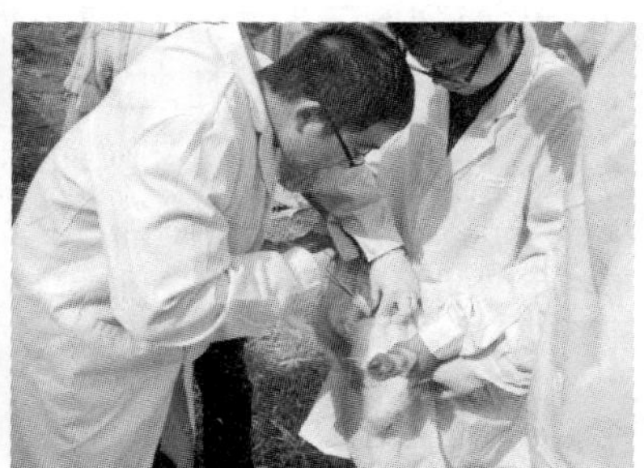

图 3–9　镊子夹住棉栓（左），棉栓前端涂抹润滑剂（右）

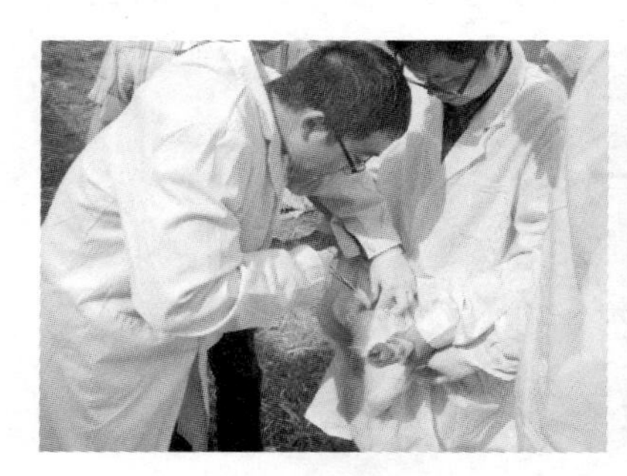

图 3–10　放栓

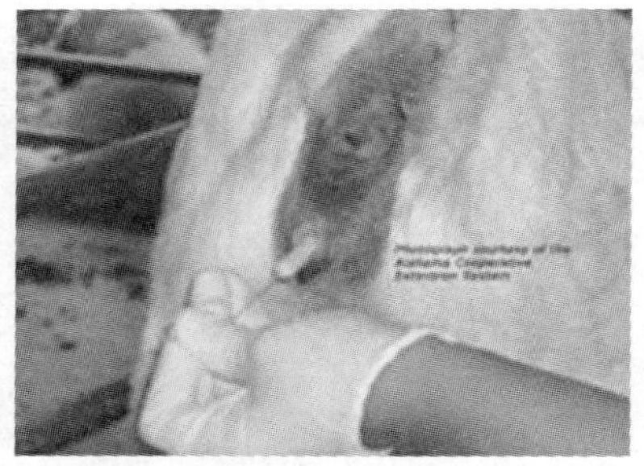

图 3–11　撤栓

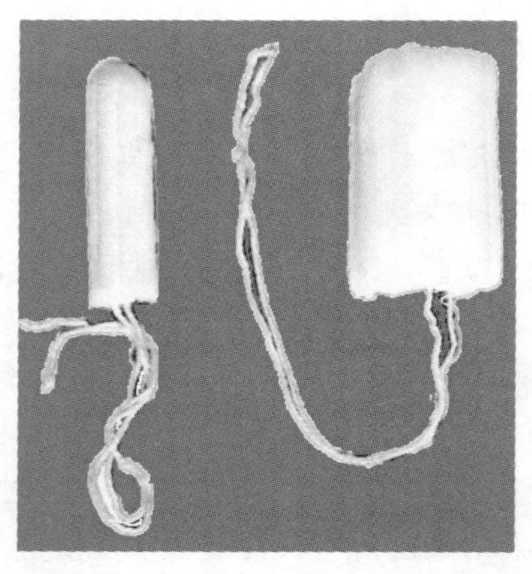

图 3–12　棉栓（右侧为棉栓在阴道内吸收液体后的外观）

第四章 羊的人工授精技术

人工授精是用器械采集公羊精液，在体外经检查处理后，再用器械将一定量的精液输入到发情母羊的生殖道的一定部位，用人工操作的方法代替自然交配的一种繁殖技术。人工授精技术是一项综合的繁殖技术，其技术操作流程如下：

采精→精液品质检查→精液稀释保存→精液运输→母羊发情鉴定→输精

人工授精技术在提高公羊利用率，加快品种改良，降低饲养管理成本，防止各种疾病传播，提高受胎率和进行远距离交流、运输等方面有着重要价值。目前，羊的人工授精技术只是在个别羊场采用，依然以精液常温和低温保存为主，羊的冷冻精液人工授精技术虽然有个别羊场为了加速品种改良在应用，但因受胎率过低，未能像牛的冷冻精液人工授精技术一样广泛开展。

一、羊的采精

采精即利用器械收集公羊的精液。采精过程要保证以下 4 个方面：一是全量，能收集到公羊一次射精全部的精液量。二是原质，采集到的精液，品质不能发生改变。三是无损伤，采精过程不能造成公羊的损伤，也不能造成精子的损伤。四是简便，整个采精操作过程要求尽量简便。

（一）采精前准备

1. 采精场地（采精室）

采精场地要求宽畅、明亮、地面平整，安静，清洁，设有采精架、台羊、假台羊和精液操作室等必要设施。采精场地的基本结构包括采精室和实验室两部分（图 4–1）。

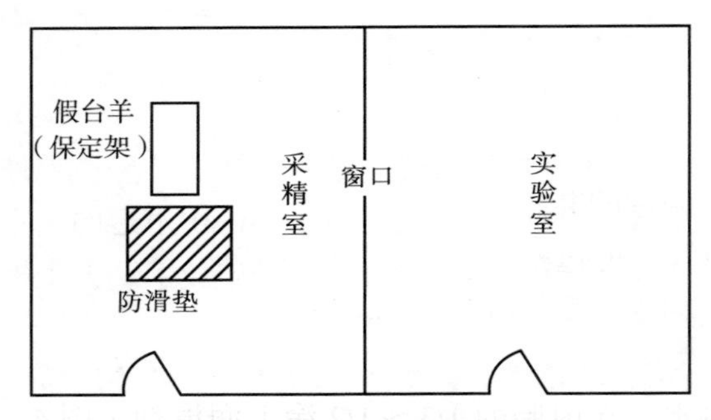

图 4–1　公羊采精室平面图

羊采精室大小也因规模而定，实验室必须是可以封闭的建筑，羊场的采精室可以采用敞开棚舍。

2. 台　羊

台羊有真台羊和假台羊两种。真台羊要求健康、温顺、卫生。假台羊要求设计合理、方便。羊的采精可以使用母羊作为台羊（图 4–2），也可以使用假台羊（图 4–3）。真台羊可以人为保

图 4–2　真 台 羊

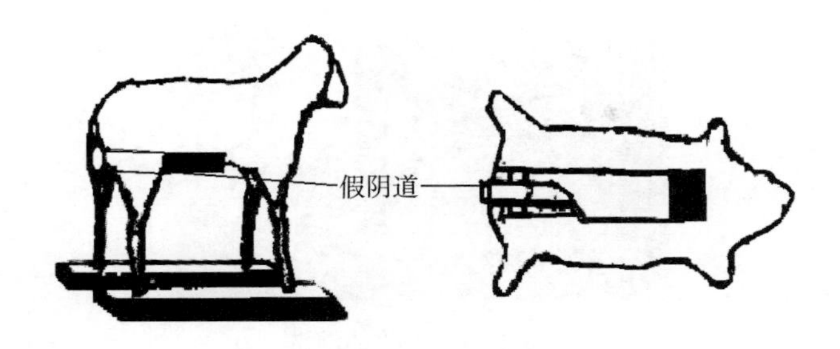

图 4–3　假台羊结构

定，也可以使用保定架。

3. 假阴道的准备

羊的假阴道包括外壳、内胎、集精杯和附件（图 4–4）。羊在采精前要将假阴道内胎清洗、消毒，集精杯在高温干燥箱中消毒（图 4–5、图 4–6、图 4–7），并安装好，外壳与内胎的夹层之间装上热水，在内胎的 1/3～1/2 涂上润滑剂（图 4–8），充气，测量内胎内的温度，38～40℃即可用于采精（图 4–9），安装好的假阴道一端应呈 Y 形或 X 形（图 4–10），其他形状均不能使用。

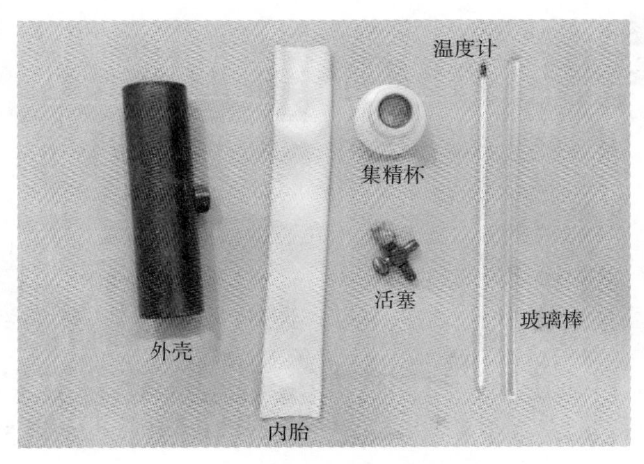

图 4–4　羊假阴道组成和安装用品

图 4–5　内胎的清洗

图 4–6　外壳的存放

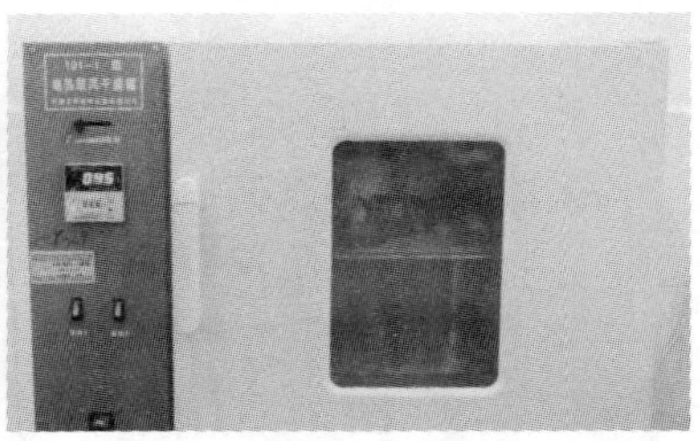

图 4–7　集精杯消毒

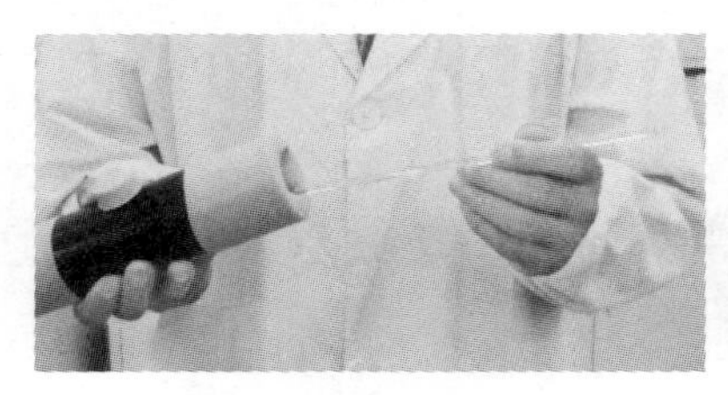

图 4–8　涂润滑剂

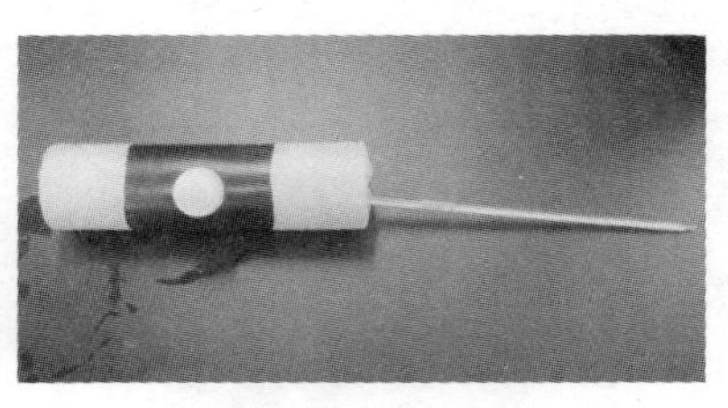

图 4–9　测量假阴道内胎内的温度

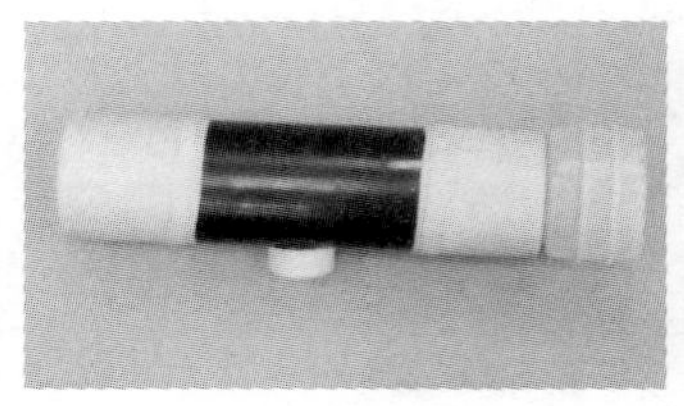

一端呈 Y 形

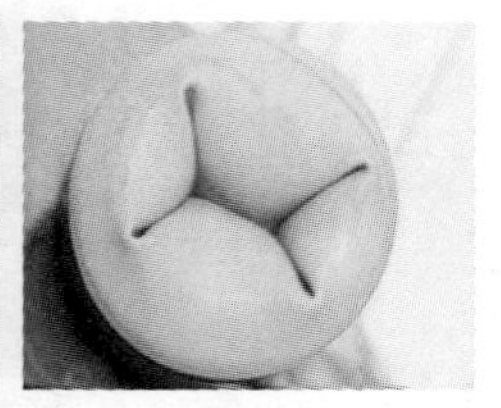

另一端呈 X 形

图 4–10　安装好的假阴道

4. 公羊的准备

采精前诱导公羊的性欲到最佳状态；体况适中，防止过肥或过瘦；饲喂全价饲料；适当运动；定期检疫；定期清洗。

（二）假阴道法采精

羊从阴茎勃起到射精只有很短的时间，所以要求采精人员动作敏捷、准确。羊的采精操作规程如下。

1. 台羊的保定和消毒

将真台羊人为保定，抓住台羊的头部，不让其往前跑动。如用采精架保定，将真台羊牵入采精架内，将其颈部固定在采精架上（图 4–11、图 4–12）。将真台羊的外阴及后躯用 0.3%高锰酸钾水冲洗并擦干（图 4–13）。

图 4–11　台羊的保定

图 4–12　保定架保定台羊

图 4–13　台羊外阴部消毒

2. 公羊的消毒

将种公羊牵到采精室内，将公羊的生殖器官进行清洗消毒，尤其要将包皮部分清洗消毒（图 4–14）。

3. 采精人员的准备

将种公羊牵到台羊旁，采精员应蹲在台羊的右后侧，手持假阴道，随时准备将假阴道固定在台羊的尻部（图 4–15）。

图 4–14　种公羊生殖器官消毒

图 4–15　采精人员的准备

4. 采精操作

当公羊阴茎伸出，跃上台羊后，采精员手持假阴道，迅速将假阴道筒口向下倾斜与公羊阴茎伸出方向成一直线，用左手在包皮开口的后方，掌心向上托住包皮（切不可用手抓握阴茎，否则会使阴茎缩回）。将阴茎拨向右侧导入假阴道内（图 4–16、图 4–17、图 4–18）。

图 4–16　将阴茎导入假阴道

当公羊用力向前一冲后，即表示射精完毕。射精后，采精员同时使假阴道的集精杯一端略向下倾斜，以便精液流入集精杯中。

当公羊跳下时，假阴道应随着阴茎后移，不要抽出。当阴茎

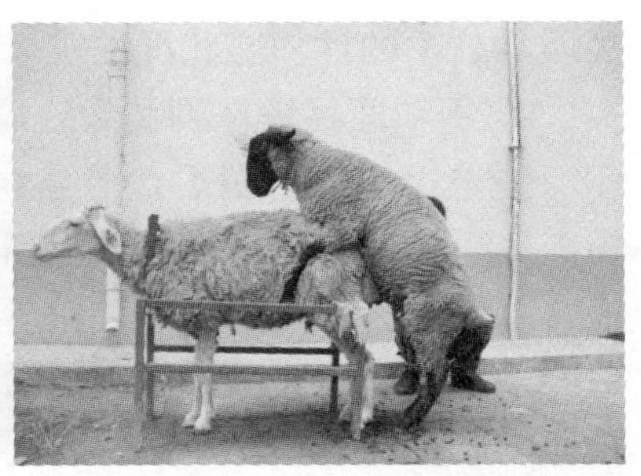

图 4–17　假阴道法对山羊采精　　　　图 4–18　假阴道法对绵羊采精

由假阴道自行脱出后，立即将假阴道直立，筒口向上，并立即送至精液处理室内，放气后，取下精液杯，盖上盖子。

（三）电刺激法采精

电刺激采精是通过脉冲电流刺激生殖器引起公羊性兴奋并射精来达到采精目的。电刺激法模仿在自然射精过程中的神经和肌肉对各种由副交感神经、交感神经等神经纤维介导的不同的化合物反应的生理学反射。通过刺激副交感神经或骨盆神经，交感神经或下腹部神经和外阴部的神经，就能导致阴茎勃起、精液释放和射精。

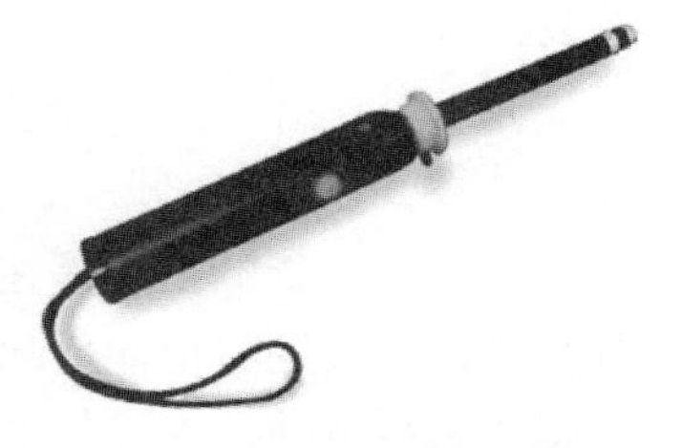

图 4–19　电刺激采精器

羊的电刺激采精主要用于由于无法采用假阴道采精的情况下使用，电刺激采精器见图 4–19。

（四）注意事项

1. 采精频率

采精频率通常以每周计算。羊在春分之前最差，秋分时可达 7～20 次。每周 2 天采精，当日采 2 次。采精频率主要根据精液

品质与公羊的性功能状况而定。

2. 将精液尽快送到精液处理室

公羊第一次射精后，可休息 15 分钟后进行第二次采精。采精前应更换新的集精杯，并重新调温、调压。最好准备两个假阴道，以用于第二次采精。采精后，让公羊略作休息，然后赶回羊舍。采集到的精液尽快送回实验室进行下一步的检查处理，以免精液品质受到影响。

3. 注意保温和防污染

保温主要有假阴道的保温和精液的保温两个方面。采精时假阴道内胎温度不能低于 40℃，如温度低于 40℃，则直接影响公羊的性欲，影响采精量和精液品质。在冬季采精时，注意对采集的精液保温，防止对精子造成低温打击而影响精液品质。

防污染主要是防止精液被污染，采精时的精液污染源有假阴道、阴茎、采精室污物和尿道及粪便的污染，要确保不能有任何一方面的污染。

二、精液品质检查

精液品质检查的目的是在于鉴定精液品质的优劣，以便决定配种负担能力，同时也能反映出公羊饲养管理的水平和生殖功能的状态，采精员的技术操作水平，并依此作为精液稀释、保存和运输效果的依据。

在人工授精技术中，我们要采集公羊的精液，并进行一系列的处理。那么，精液的质量必然要受到公羊本身的生精能力、健康状况，以及采集方法、处理方法的影响。因此，检查精液品质的优劣是人工授精技术中一个非常重要的技术环节。

根据检查的方法，精液品质检查的项目可分为直观检查项目和微观检查项目 2 类。根据检查项目，又可分为常规检查项目和定期检查项目 2 类。

直观检查项目包括射精量、色泽、气味、云雾状、pH 值和美蓝褪色试验等。微观检查项目包括精子活力、密度和畸形率。

常规检查项目主要包括射精量、色泽、气味、云雾状、活力、密度和畸形率 7 项指标。定期检查项目包括 pH 值、精子死亡率、精子存活时间及生存指数、精子抗力等。

目前，在生产中，羊精液品质检查主要按常规检查项目进行检查。

（一）射 精 量

射精量，指公羊每次射精的体积。以连续 3 次以上正常采集到的精液的平均值代表射精量，测定方法可用体积测量容器，如刻度试管或量筒，也可用电子秤称重近似代表体积（图 4–20）。

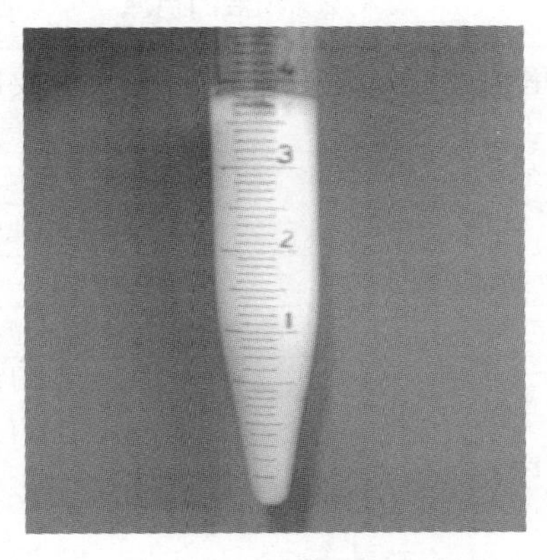

图 4–20　刻度试管测定射精量

1. 正常射精量

在繁殖季节，公羊射精量为 0.8～1.5 毫升，平均 1.2 毫升，在非繁殖季节，射精量在 1 毫升以内。

2. 射精量不正常及原因

射精量超出正常范围的均认为是射精量不正常，射精量不正常的原因见表 4–1。

表 4-1　射精量不正常的现象及原因

现　象	原　因
过少	采精过频、性功能衰退、睾丸炎、睾丸发育不良
过多	副性腺发炎、假阴道漏水、尿潴留、采精操作不熟练

（二）精液颜色

羊的精液一般为白色或乳白色，在密度高时呈现浅黄色，总体颜色因精子浓度高低而异，乳白色程度越重，表示精子浓度越高。在不正常情况下，精液可能出现红色、绿色或褐色等。原因如表 4-2。

表 4-2　精液的色泽

<table>
<tr><td colspan="2">正常精液的颜色特征</td><td>依次从浓到稀：乳黄—乳白—白色—灰白</td></tr>
<tr><td rowspan="5">不正常的精液颜色</td><td>淡红（鲜红）色</td><td>生殖道下段出血或龟头出血</td></tr>
<tr><td>淡红（暗红）色</td><td>副性腺或生殖道出血</td></tr>
<tr><td>绿色</td><td>副性腺或尿生殖道化脓</td></tr>
<tr><td>褐色</td><td>混有尿液</td></tr>
<tr><td>灰色</td><td>副性腺或尿生殖道感染，长时间没有采精</td></tr>
</table>

（三）精液气味

羊精液一般无味或略有膻味，若有异味就属于不正常（表 4-3）。

表 4-3　精液的气味

<table>
<tr><td>正常精液的气味</td><td colspan="2">无味或略有膻味</td></tr>
<tr><td rowspan="3">不正常精液的气味</td><td>膻味过重</td><td>采精时未清洗包皮</td></tr>
<tr><td>尿骚味</td><td>混有尿液</td></tr>
<tr><td>恶臭味（臭鸡蛋味）</td><td>尿生殖道有细菌感染</td></tr>
</table>

（四）精液云雾状

云雾状指的是正常的羊精液因精子密度大而混浊不透明，肉眼观察时，由于精子运动而产生的上下翻滚的现象（图 4-21，表 4-4）。

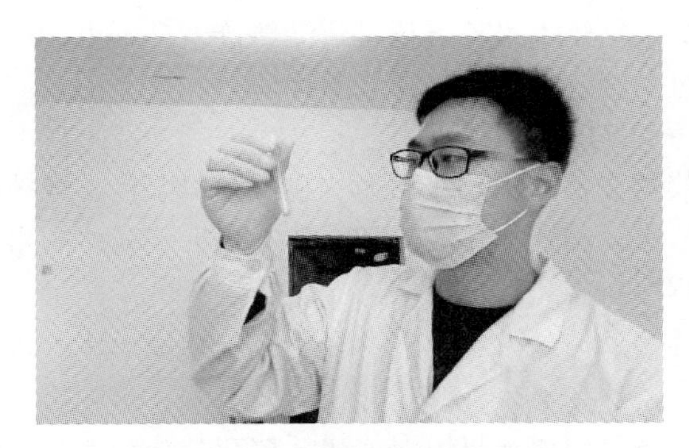

图 4-21 肉眼观察精液云雾状

表 4-4 精液的云雾状

表示方法	精液特征	
+++	翻滚明显而且较快	密度高（≧ 10 亿个 / 毫升），活力好
++	翻滚明显但较慢	密度中等（5～10 亿个 / 毫升）
+	仔细看才能看到精液的移动	密度较低（2～5 亿个 / 毫升）
-	无精液移动	密度低（<2 亿个 / 毫升）

（五）精子活力

1. 精子活力的定义和表示方法

精子活力也称为活率，指 37℃条件下，精液中前进运动精子数占总精子数的比率。

精子活力的表示方法有百分制和十级制 2 种，百分制是用百分率表示精子的活力，十级制是目前普遍采用的表示方法，是用

0、0.1、0.2、0.3……0.9，十个数字表示精子的活力。0 表示精子全部死亡或精液中没有前进运动的精子，0.1 指大概有 10%的精子在前进运动，0.2 指大概有 20%的精子在前进运动，以此类推到 0.9。

注：通常对精子活力的描述为做直线前进运动的精子，但实际上，无论从精子本身特点还是运动轨迹，是不可能按直线前进的，只不过是围绕较大半径在绕圈运动。

2. 精子活力的测定方法

主要仪器设备：生物显微镜、显微镜恒温台、载玻片、盖玻片、生理盐水、滴管、移液器和精液。测定方法：估测法。

测定程序：

载玻片预温→精液稀释→取样检查→镜检→活力估测→精子活力记录

（1）载玻片预温　将恒温加热板放在载物台上，打开电源并调整控制温度至 37℃（图 4–22），然后放上载玻片。

（2）精液稀释　将生理盐水与精液等温后（图 4–23），按 1∶10 稀释。例如，用移液器取精液 10 微升，再加 0.9%氯化钠注射液（生理盐水）100 微升等温稀释。

（3）取样检查　取稀释后的精液 20～30 微升，放在预温后载玻片中间，盖上盖玻片。

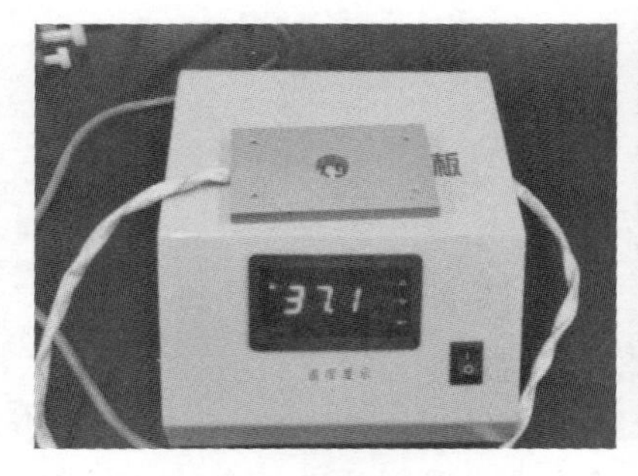

图 4–22　恒温加热板

图 4–23　精液稀释用品

（4）显微镜镜检　用100倍和400倍显微镜观察精子。

（5）精子活力估测　判断视野中前进运动精子所占的百分率（图4–24）。

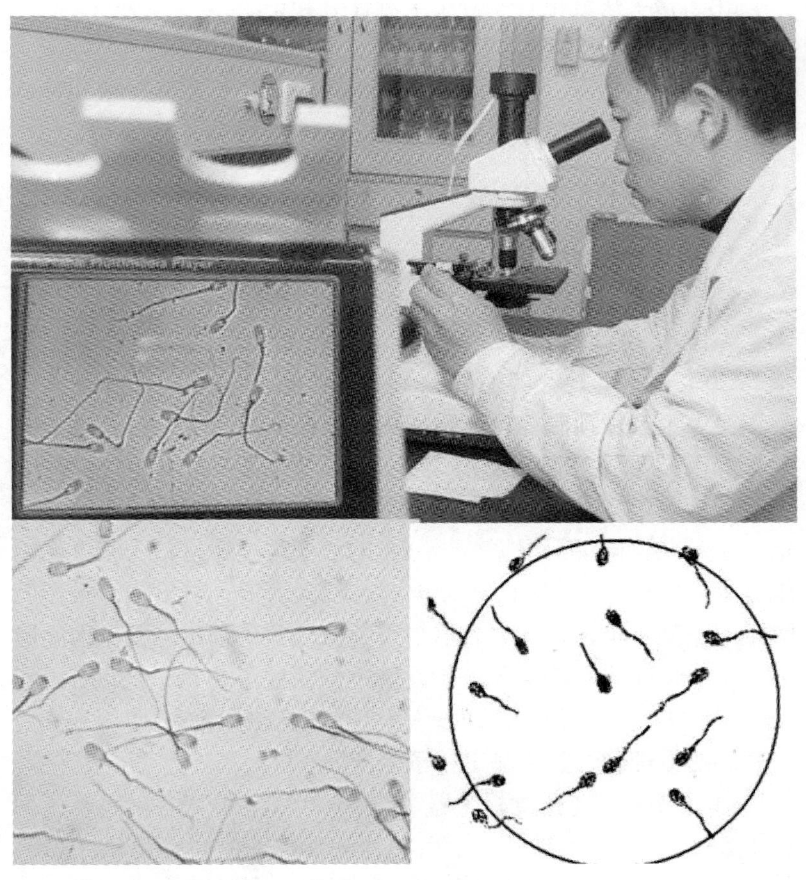

图4–24　精子活力的估测

观察一个视野中大体10个左右的精子，计数有几个前进运动精子，如有7个前进运动的精子，则精子活力为0.7，如有6个前进运动的精子，则精子活力为0.6，以此类推。至少观察3

个视野，3 个视野估测精子活力的平均值为该份精子的活力。如 3 次估测的精子活力分别为 0.5、0.6、0.5，平均为 0.53，精子活力则评定为 0.5。

（6）精子活力记录 按十级制评分和记录。

3. 羊精子活力的要求

羊新鲜精液精子活力≥ 65%，才可以用于人工授精和冷冻精液制作。羊冷冻精液的精子活力≥ 30%，才可用于输精。

（六）精子密度

1. 精子密度的定义和表示

精子密度也称精子浓度，指单位体积精液中所含的精子数，表示方法用个 / 毫升或亿个 / 毫升。羊的精子密度范围一般为 20 亿～30 亿个 / 毫升，如果精子密度低于 6 亿个 / 毫升，精液就不能用于人工授精和制作冷冻精液。

2. 精子密度的测定方法

目前，测定精子密度的方法常采用估测法和血细胞计数法。估测法是在显微镜下根据精子分布的稀稠程度，将精子密度粗略地分为“密”“中”“稀”3 个级别。密表示精子数量多，精子间隔距离不到 1 个精子；中表示精子数量较多，精子与精子的间隔为 1～2 个精子；稀表示精子数量较少，精子与精子的间距为 2 个精子以上。但这种方法误差太大，不适合在生产中使用。这里主要介绍血细胞计数法测定精子密度。

（1）精子密度计数板（器） 精子计数室长宽各 1 毫米，面积 1 毫米^2，盖上盖玻片时，盖玻片和计数室的高度为 0.1 毫米，计数室的总体积为 0.1 毫米^3。计数室的构成由双线或三线组成 25（5 × 5）个中方格；每个中方格内有 16（4 × 4）个小方格；共计 400 个小方格（图 4–25）。

（2）精液的稀释 将精液注入计数室前必须对精液进行稀释，以便于计数。稀释的比例根据公羊精液的密度范围确定。稀

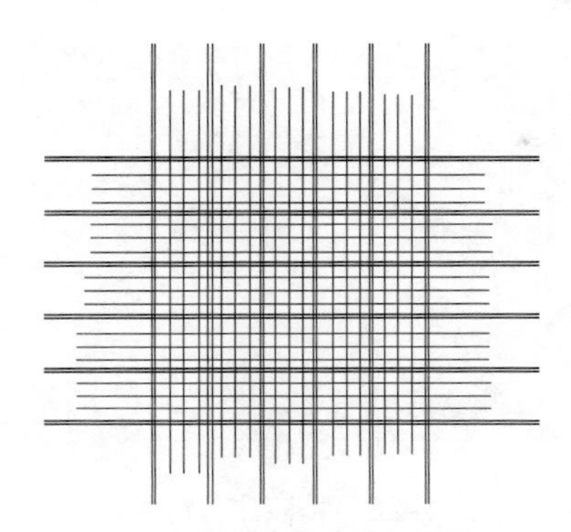

图 4–25　精子密度计数板的结构

释方法：用 5～25 微升移液器和 100～1 000 微升移液器，在小试管中进行不同比例的稀释（表 4–5）。

表 4–5　测定精子密度时精液的稀释倍数

稀释倍数	201
3%氯化钠溶液（微升）	1 000
原精液（微升）	5

稀释液：3%氯化钠溶液，用于杀死精子，便于计数。

先在试管中加入 3%氯化钠溶液（羊）1 000 微升，直接加入原精液 5 微升，充分混匀。

（3）显微镜准备　在计数室上盖上盖玻片，在显微镜 400 倍下，找出计数板上的方格，将方格调整到最清晰状态。

（4）精液注入计数室　取 25 微升稀释后的精液，将移液器头放于盖玻片与计数板的接缝处，缓慢注入精液，使精液依靠毛细作用吸入计数室（图 4–26）。

（5）精子计数　将计数板固定在显微镜的推进器内，用 400 倍找到计数室的第一个中方格。计数左上角至右下角 5 个中方格的总精子数，也可计数四个角和最中间 5 个中方格的总精子数。

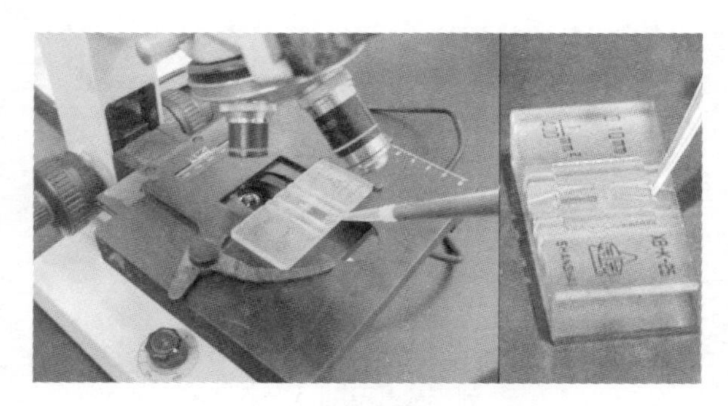

图 4–26　精液注入计数室

计数以精子的头部为准，按照数上不数下，数左不数右的原则进行计数格线上的精子（图 4–27）。

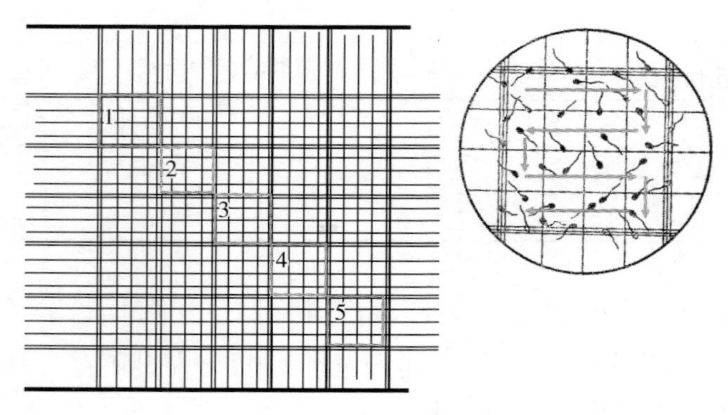

图 4–27　精子计数方法

以图示顺序计数，对于头部压线的精子，按照数上不数下，数左不数右的原则进行计数。

（6）精液密度计算

精液密度＝5 个中方格总精子数× 5 × 10 × 1 000 ×稀释倍数

例如，羊精液通过计数，5 个中方格总精子数为 200 个，则精液密度＝200 × 5 × 10 × 1 000 × 201＝20.1 亿个 / 毫升。

（七）精子畸形率

1. 精子畸形率的定义和表示方法

精液中形态不正常的精子称为畸形精子，精子畸形率是指精液中畸形精子数占总精子数的百分比，对精子畸形率也用%来表示。畸形率对受精率有着重要影响，如果精液中含有大量畸形精子，则受精能力就会降低。

畸形精子各种各样，大体可分为 3 类：头部畸形：顶体异常、头部瘦小、细长、缺损、双头等。颈部畸形：膨大、纤细、带有原生质滴、双颈等。尾部畸形：纤细、弯曲、曲折、带有原生质滴等（图 4–28）。

2. 精子畸形率的测定方法

精子畸形率的测定通常采用是对精子进行染色，然后在显微镜下进行观察。

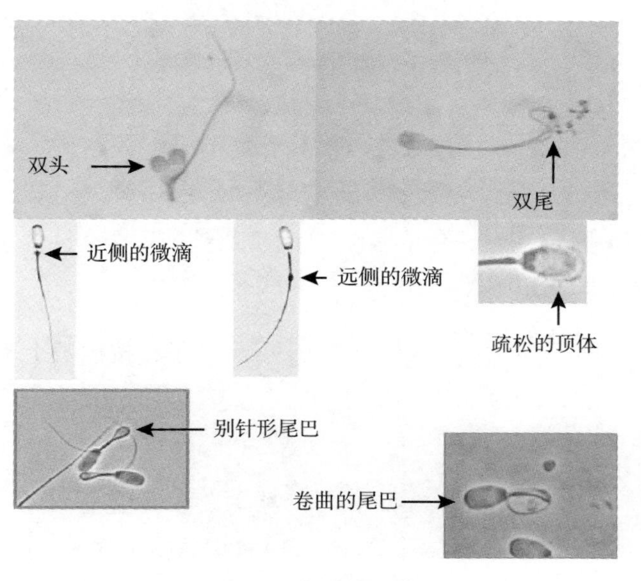

图 4–28　各种畸形精子

（1）染液 精液染色可选用的染液有巴氏染液、酒精龙胆紫染液（0.5 克龙胆紫用 20 毫升酒精助溶，加水至 100 毫升，过滤至试剂瓶中备用）、红色或纯蓝墨水、瑞氏染液等。

（2）抹片 用微量移液器取原精液 5 微升至试管中，再取 0.9%氯化钠溶液 200 微升混合均匀。左手食指和拇指向上捏住载玻片两端，使载玻片处于水平状态，取 10 微升稀释后的精液滴至载玻片右端。右手拿一载玻片或盖玻片，使其与左手拿的载玻片呈 45°角，并使其接触面在精液滴的左侧。将载玻片向右拉至精液刚好进入两载玻片形成的角缝中，然后平稳地向左推至左边（不得再向回拉）（图 4–29）。抹片后，使其自然风干。

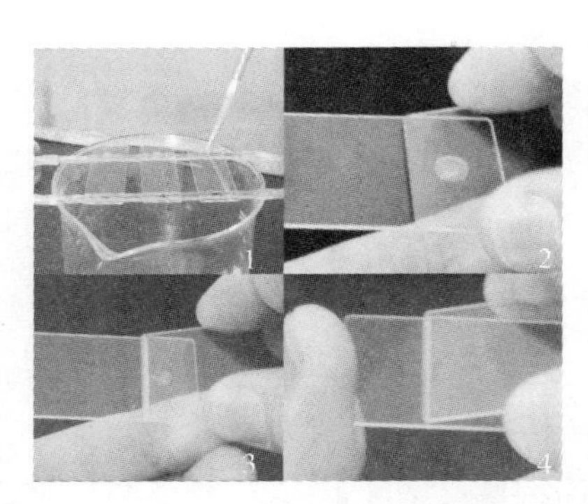

图 4–29 抹片的操作过程

（3）固定 在抹片上滴 95%酒精数滴，固定 4～5 分钟后，甩去多余的酒精（图 4–30）。

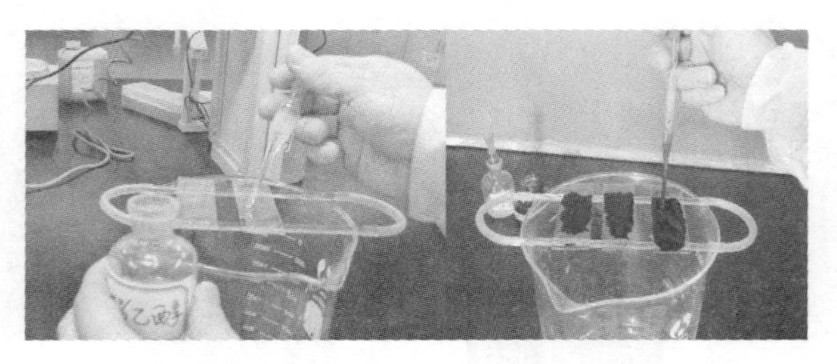

图 4–30 固定（左），染色（右）

（4）**染色**　将载玻片放在用玻璃棒制成的片架上，滴上 0.5% 龙胆紫染液或纯蓝或红墨水 5～10 滴，染色 5 分钟（图 4–31）。

（5）**冲洗**　用洗瓶或自来水轻轻冲去染色液，甩去水分晾干（图 4–33）。

（6）**计数**　载玻片放在 400 倍的显微镜下进行观察，共记录若干个视野 200 个左右的精子（图 4–32）。

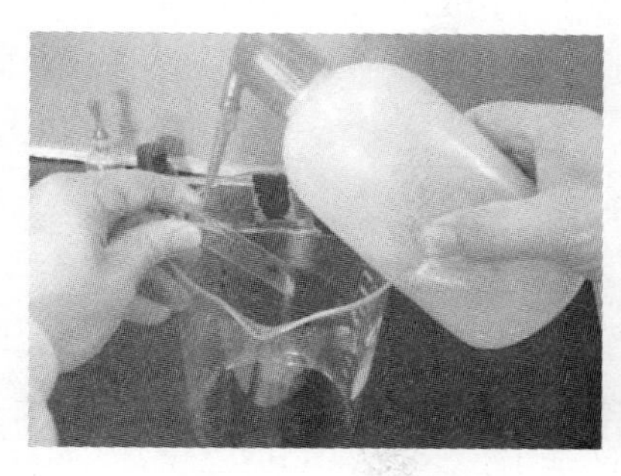

图 4–31　冲　洗

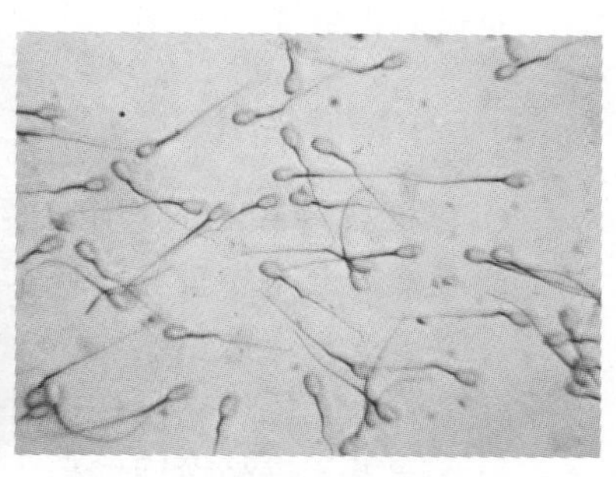

图 4–32　精子计数

（7）**计　算**

畸形率 = 计数的畸形精子总数 / 总精子数 × 100%

3. 羊精液畸形率的要求

羊新鲜精液畸形率 ≤ 15% 才可以使用；冷冻精液解冻后畸形率 ≤ 20% 才能用于人工授精。

（八）注意事项

第一，羊新鲜精液精子活力 ≥ 65%，才可以用于人工授精和冷冻精液制作；羊冷冻精液的活力 ≥ 30% 才可用于输精。羊新鲜精液畸形率 ≤ 15% 才可以使用；冷冻精液解冻后畸形率 ≤ 20% 才能用于人工授精。

第二，精液采集后，为防止未经稀释的精液死亡，应立即将精液 : 稀释液按 1∶3 稀释，然后再检查精子活力和密度。

三、精液稀释液配制和精液稀释

精液稀释是向精液中加入适宜于精子存活的稀释液。其目的有两个：一是扩大精液容量，从而增加母羊的输精头数，提高公羊利用率；二是延长精子的保存时间及受精能力，便于精液的运输，使精液得以充分利用。

（一）精液稀释液

1. 精液稀释液的成分和作用

精液稀释液是将糖类、奶类、卵黄、化学物质、抗生素及酶类等物质，按一定数量或比例配合后制得的溶液。精液稀释液与精液混合后，能延长精子在体外的生存时间或在冷冻过程中保护精子免受冻害，提高冷冻后精子的活力。

2. 精液稀释液的种类

根据精液保存温度的不同，精液稀释液分为常温保存稀释液、低温保存稀释液和冷冻保存稀释液。常温保存稀释液适用于精液的常温保存；低温保存稀释液用于精液的低温保存；冷冻保存稀释液用于羊冷冻精液的保存。

3. 精液稀释液的配制

（1）药品、试剂和器械的准备

①水　配制精液稀释液所用的蒸馏水或去离子水要新鲜。

②药品、试剂　要求用分析纯，奶必须是当天的鲜奶，卵黄要取自新鲜鸡蛋。

③器械　所用器械均要严格消毒，玻璃器皿用自来水冲洗干净后，再用蒸馏水冲洗 4 遍，控干水分，用纸将瓶口包好，放入 120℃干燥箱（图 4–33）中干燥 1 小时，放凉备用。

注意事项：烘箱温度设置不能高于 140℃；取烘干的东西时，必须等到烘箱温度降到 100℃以下。

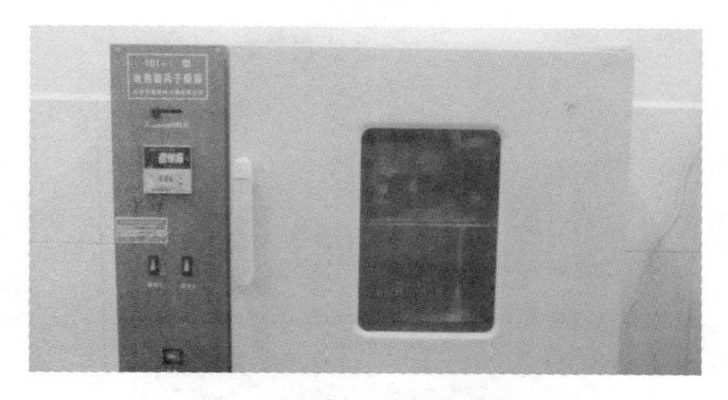

图 4–33　高温消毒玻璃器皿

（2）配制方法

①试剂称量　药品、试剂的称量必须准确，常用称量工具有电子天平，电子秤等。称量试剂多时采用电子秤（图 4–34），准确度必须精确到 0.001。

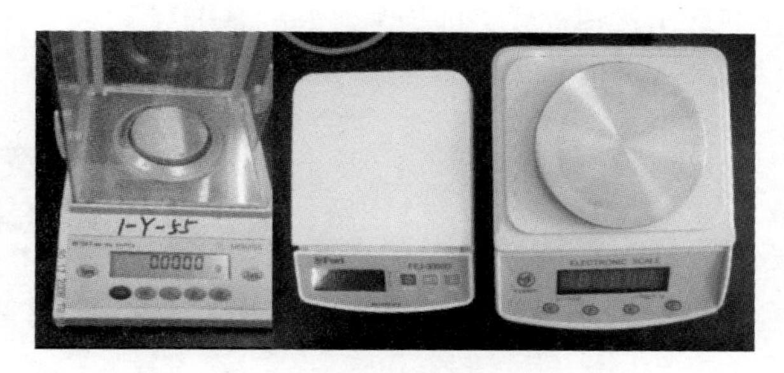

图 4–34　称量药品试剂所需电子天平、电子秤

注意事项：电子天平在使用前应首先调平。

②溶解试剂　在烧杯中将试剂溶解好，对溶解较慢的试剂可以使用磁力搅拌器促进溶解（图 4–35），然后转移到容量瓶中，用蒸馏水将烧杯冲洗 3 次以上，将冲洗液全部转移到容量瓶中定容（图 4–36）。

③过滤　将定容好的液体用双层滤纸过滤到三角瓶中（图 4–37）。

图 4-35　用磁力搅拌器溶解试剂

④消毒　将液体转移到瓶中，瓶口加一双折的棉线，再用胶塞塞住（图 4-38）。放入高压锅 120℃消毒 30 分钟。高压消毒好以后将瓶取出拔掉棉线，即为配制好的基础液。

图 4-36　容量瓶定容

图 4-37　过　滤

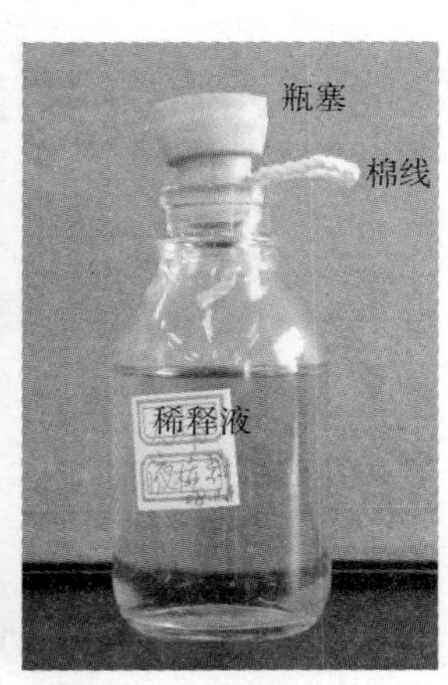

图 4-38　消毒前准备

⑤加卵黄　新鲜鸡蛋用 75%酒精棉球消毒外壳，待其完全挥发后，将鸡蛋打开，分离蛋清、蛋黄和系带，将蛋黄盛于鸡蛋

壳小头的半个蛋壳内（图 4–39），并小心地将蛋黄倒在用四层对折（8 层）的消毒纸巾上。小心地使蛋黄在纸巾上滚动，使其表面的稀蛋清被纸巾吸附（图 4–40）。先用针头小心将卵黄膜挑一个小口，再用去掉针头的 10 毫升一次性注射器，从小口慢慢吸取卵黄，尽量避免将气泡吸入，同时应避免吸入卵黄膜。吸入 10 毫升后，再用同样的方法吸取另一个鸡蛋的卵黄。也可将卵黄移至纸巾的边缘，用针头挑一个小口，将卵黄液缓缓倒入量筒中，注意避免将卵黄膜倒入量筒中。

图 4–39　蛋壳表面消毒（左），打开鸡蛋（右）

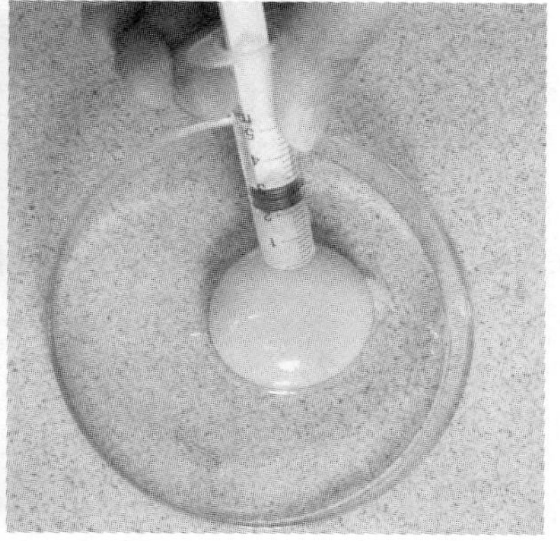

图 4–40　分离蛋清（左），吸取卵黄（右）

卵黄液与基础液的混合：取放凉的基础液，加入三角瓶中，然后将卵黄液注入或将卵黄液从量筒中倒入三角瓶中，用量取的基础液反复冲洗量筒中的卵黄，使其全部溶解入基础液中，然后将全部的基础液倒入三角瓶中，摇匀。

⑥鲜奶　如用鲜奶作为稀释液的成分，可将纱布折成 8 层，将鲜奶过滤后直接加入稀释液中。

⑦抗生素　分别用 1 毫升注射器吸取基础液 1 毫升，分别注入 80 万单位和 100 万单位的青霉素和链霉素瓶中，使其彻底溶解。分别从青霉素瓶中吸取 0.1～0.12 毫升和链霉素瓶中吸取 0.1 毫升溶液，将其注入三角瓶中，并摇匀。另一种方法是，称取 0.06 克的青霉素和 0.1 克的链霉素加入三角瓶中，摇匀。用基础液、卵黄液和抗生素混合制成第一液。

⑧甘油　第二液的制作：用量筒量取第一液 47 毫升，加入另一只三角瓶中，用注射器吸取 3 毫升消毒甘油，注入三角瓶中，摇匀。制成羊冷冻精液的第二液。

（二）精液的稀释

1. 稀释倍数和表示方法

精液适宜的稀释倍数与稀释液种类有关，稀释倍数的确定应根据原精液的质量，尤其是精子的活力和密度、每次输精所需的精子数、稀释液的种类和保存方法决定（图 4–41）。N 倍稀释：

图 4–41　确定稀释方法和倍数

即 1 份精液 ： N–1 份稀释液；1∶N 稀释：即 1 份精液，N 份稀释液。如 N 倍稀释后，精子密度为原来的 1/N，体积为原精液体积的 N 倍，则：

可分装的份数 ＝ 原精液体积×稀释倍数 / 每份精液体积

稀释倍数 ＝ 原精液体积×分装的份数 / 每份精液体积

在生产实际中，稀释倍数往往存在小数而影响操作，大多数以需要加入的稀释液量直接计算。

原精液可分装份数（即一次采精的可输精分装份数）＝ 原精液密度×输精要求活力×采精量 / 每份精液总有效精子数

需加稀释液量 ＝ 原精液可分装份数×每份精液体积 – 采精量

2. 羊精液液态保存的稀释倍数

羊精液的液态保存指常温保存和低温保存，以及新鲜精液稀释后直接进行人工授精。

羊精液的液态保存每次输精有效精子数不能低于 0.5 亿个，输精前精液的活力不能低于 0.6，输精量为 0.5～1 毫升。

例如，某一次采精后，经精液品质检查，采精量 1.2 毫升、精子活力 0.6、精子密度 22 亿个 / 毫升，其他指标均符合输精要求。若输精量按每只羊每次 0.5 毫升。

原精液可分装份数＝22 亿个/毫升× 0.6 × 1.2 毫升 /0.5 亿个
＝31.68＝31 份

注意：计算出来的可分装份数如果是小数，不论小数点后的数字大小均应忽略，取整数，否则，输精时有效精子数就会不符合标准。

需加稀释液量＝0.5 毫升× 31–1.2 毫升＝14.3 毫升。

3. 羊冷冻精液的稀释倍数

羊冷冻精液每次输精有效精子数不能低于 3000 万个，精子

活力≥ 30%，每次输精剂量颗粒冻精 0.1 毫升、细管冻精 0.25 毫升。

第一次稀释倍数的计算：应为最终稀释后体积的 50%。第二次稀释为 1∶1 稀释。

例如，制作 0.25 毫升细管冻精，采精量为 3 毫升、精子密度为 22 亿个 / 毫升。

原精液可分装份数＝22 亿个 / 毫升× 0.3 × 3 毫升 /0.3 亿个
＝66 份

需加稀释液量＝0.25 毫升× 66–3 毫升＝13.5 毫升

第一次稀释需加稀释液量＝0.25 毫升× 66 × 50% –3 毫升
＝5.25 毫升

第二次稀释需加稀释液量＝0.25 毫升× 66 × 50% ＝8.25 毫升

4. 注意事项

第一，配制稀释所使用的一切用具必须彻底洗涤干净，严格消毒；配制的稀释液要严格消毒；抗生素、酶类、激素类、维生素等添加剂必须在稀释液冷却至室温时，方可加入；稀释液要求现配现用，保持新鲜。需要保存的，含有卵黄和奶类的保存时间不超过 2 天；基础液消毒好后，在 0～5℃可保存 1 个月。

第二，原精液在采精经检查合格后，应立即进行稀释，越快越好，从采精后到稀释的时间不超过 30 分钟（图 4–42）。

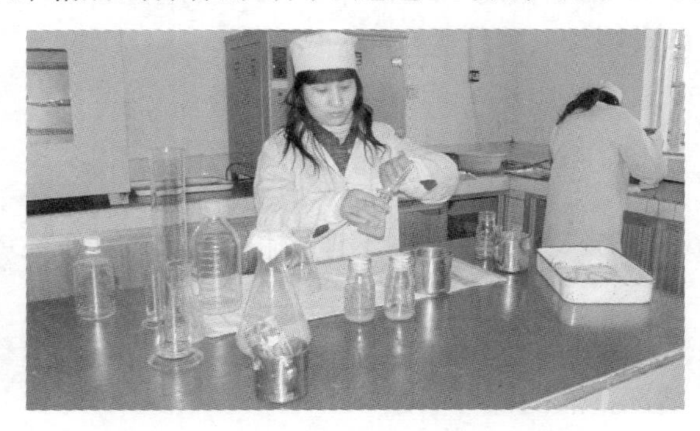

图 4–42　精液稀释

稀释精液时，稀释液的温度和精液的温度必须调整一致，以30～35℃为宜；将稀释液沿精液瓶壁缓慢加入，防止剧烈震荡；若做高倍（10倍以上）稀释，应先低倍后高倍，分次进行；稀释后精液立即进行分装（一般按1头母羊的输精量）保存。

四、羊精液保存技术

精液保存的方法按保存的温度分为：常温保存（15～25℃）；低温保存（0～5℃）和冷冻保存（–79～–196℃）3种。按精液的状态分：液态保存和冷冻保存，常温保存和低温保存温度都在0℃以上，称为液态精液保存，超低温保存精液以冻结形式作长期保存，称为冷冻精液保存。羊精液的保存方法有常温保存、低温保存和冷冻保存（颗粒和细管）3种方法。

（一）精液的常温保存

精液的常温保存是保存温度在15～25℃，允许温度有一定的变动幅度，也称室温保存。常温保存所需设备简单，便于在生产中普及推广。这种方法主要用于采精后，精液经稀释后立即输精，不用于长时间保存，主要用于羊的精液稀释，从采精到完成输精，尽量不超过1小时。如需要运输，可采用保温杯或疫苗箱等（图4–43）。

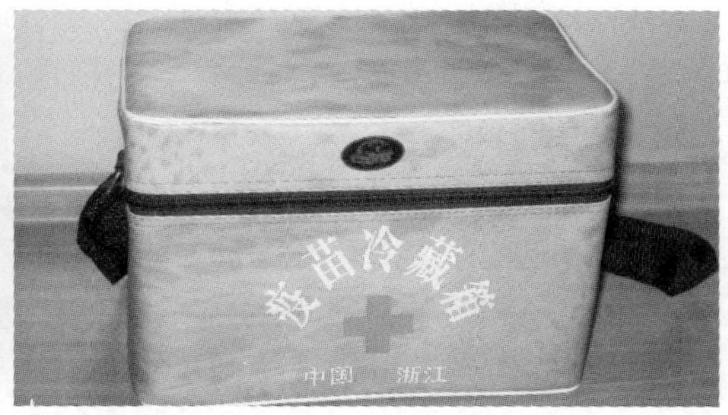

图4–43　保温杯（左），疫苗箱（右）

（二）精液的低温保存

精液的低温保存是将精液稀释后缓慢降温至 0～5℃保存，低温保存的原理是利用低温来抑制精子的活动，降低代谢和能量消耗，抑制微生物生长，以达到延长精子存活时间的目的。当温度回升后，精子又恢复正常代谢功能并保持其受精能力。低温保存时，为避免精子发生冷休克，必须在稀释液中添加卵黄、奶类等防冷物质。

稀释后的精液，为避免精子发生冷休克，须采取缓慢降温的方法从 30℃降至 0～5℃，以每分钟下降 0.2℃左右为宜，整个降温过程需 1～2 小时完成。将分装好的精液瓶用纱布或毛巾包缠好，再裹以塑料袋防水，置于 0～5℃低温环境中存放，也可将精液瓶放入 30℃温水的容器内，一起放置在 0～5℃中，经 1～2 小时，精液温度即可降至 0～5℃。

最常用的方法是将精液放置在冰箱内保存，也可用冰块放入广口瓶内代替；或者在广口瓶里盛有化学制冷剂（水中加入尿素、硫酸铵等）的凉水内；还可吊入水井深处保存。

低温保存的精液在输精前要进行升温处理。升温的速度对精子影响较小，故一般可将贮精瓶直接投入 30℃温水中即可。

（三）精液的冷冻保存

冷冻保存是将精液经过冷冻，在液氮中保存。冷冻精液的冷源液氮，保存温度为 –196℃。冷冻精液的剂型有细管型和颗粒型 2 种。

1. 液氮罐的结构和使用

冻精应贮存于液氮罐的液氮中，设专人保管，每周定时加一次液氮，应经常检查液氮罐（图 4–44）的状况，如发现液氮罐外壳结白霜，立即将精液转移入其他液氮罐内保存。包装好的冻精由一个液氮罐转换到另一个液氮罐时，在液氮罐外停留时间不

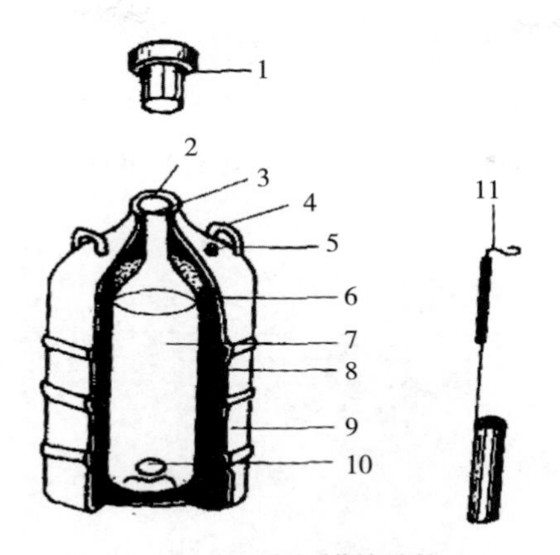

图 4–44　液氮罐的结构

1. 罐塞　2. 分度圈　3. 罐颈　4. 手柄　5. 真空排气口　6. 吸附剂　7. 液氮　8. 外壁　9. 真空夹壁　10. 提筒卡槽　11. 提筒

得超过 3 秒钟。取存冻精后要盖好液氮罐塞，在取放盖塞时，要垂直轻拿轻放，不得用力过猛，防止液氮罐塞折断或损坏。移动液氮罐时，不得在地上拖行，应提握液氮罐手柄抬起罐体后再移动（图 4–45）。

冻精运输过程中要有专人负责，贮存容器不得横倒及碰撞和

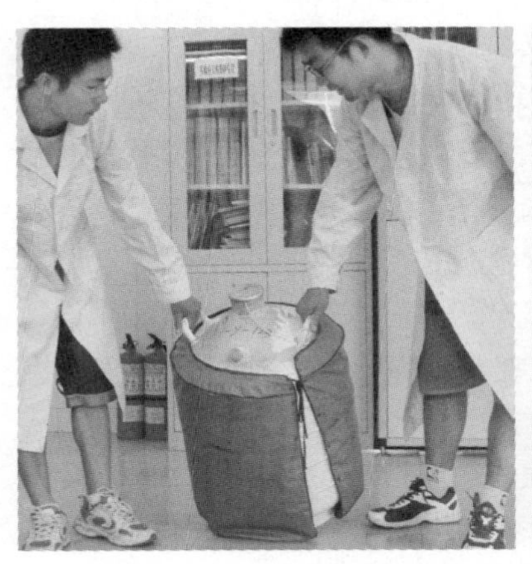

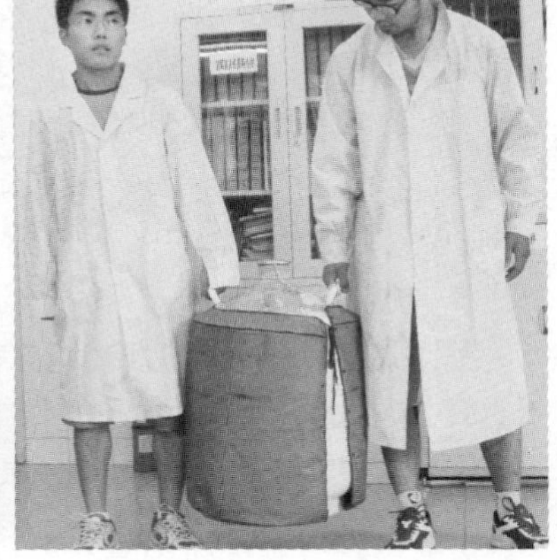

图 4–45　液氮罐错误移动（左），液氮罐正确移动（右）

剧烈震动，保证冻精始终浸在液氮中。

液氮罐容量有 5 升、10 升到 30 升大小不等（图 4–46），可根据实际需要选择。大液氮罐液氮保存时间长，但运输不如小的方便。

图 4–46　各种容量的液氮罐

2. 细管冻精

塑料细管一般有 0.25、0.5、1 毫升 3 种规格。具有适于快速冷冻，精液受温均匀，冷冻效果好；剂量标准化卫生条件好，不易受污染，标记鲜明，精液不易混淆；体积小，便于大量保存，精子损耗率低，精子复苏率和受胎率高；适于机械化生产等优点。缺点：如封口不好，解冻时易破裂；须有装封、印字等机械设备。目前生产中常用的以 0.25 毫升细管为主（图 4–47），保存时在液氮罐内保存。

3. 颗粒冻精

颗粒冻精是将精液直接滴冻在经液氮冷却的塑料板或金属板上，冷冻成体积为 0.1 毫升的颗粒（图 4–48）。优点：方法简便，易于制作，成本低，体积小，便于大量贮存。缺点：剂量不标准，精液暴露在外易受污染，不易标记，易混淆，大多需解冻液解冻。

图 4–47　0.25 毫升的细管

图 4–48　颗粒冻精

五、羊的输精

输精是人工授精的最后 1 个技术环节。适时而准确地把一定量的优质精液输到发情母羊生殖道的一定部位是保证受胎率的关键。

（一）输精时间

羊采用二次输精。每天用试情公羊检查母羊群 2 次，上、下午各 1 次，试情公羊用试情布兜住腹部，避免发生自然交配。如果母羊接受公羊爬跨，证明已经发情，应在发现发情后 6～12 小时内第一次输精，12～18 小时后第二次输精。

经产羊应于发现发情后 6～12 小时第一次输精，间隔 12～16 小时后第二次输精。

初配羊应于发现发情后 12 小时第一次输精，间隔 12 小时第二次输精。

（二）输精前的准备

鲜精经稀释、精液品质检查符合要求后即可直接输精；低温保存时，输精前将精液经 10 分钟左右升温到 30～35℃再进行输精；颗粒冻精和细管冻精需要解冻后进行输精。

1. 颗粒冻精的解冻

①解冻所需器材、溶液　恒温水浴锅（可用烧杯或保温杯结合温度计代替）、1 000 微升移液枪、5 毫升小试管、镊子、2.9%柠檬酸钠注射液。

②将水浴锅温度设定为 38～40℃，在小试管中加入 1 毫升 2.9%柠檬酸钠注射液，预温 2 分钟以上（图 4–49）。

③在液氮罐中用镊子夹取 1 个颗粒冻精投入小试管中，由液氮罐提取精液，精液在液氮罐颈部停留不应超过 10 秒钟，贮精瓶停留部位应在距颈管部 8 厘米以下。从液氮罐取出颗粒冻精到投入小试管时间尽量控制在 3 秒钟以内。

④轻轻摇晃小试管，使精液溶解并充分混匀（图 4–50）。

⑤用输精器将解冻好的精液吸到输精枪中，准备输精（图 4–51）。

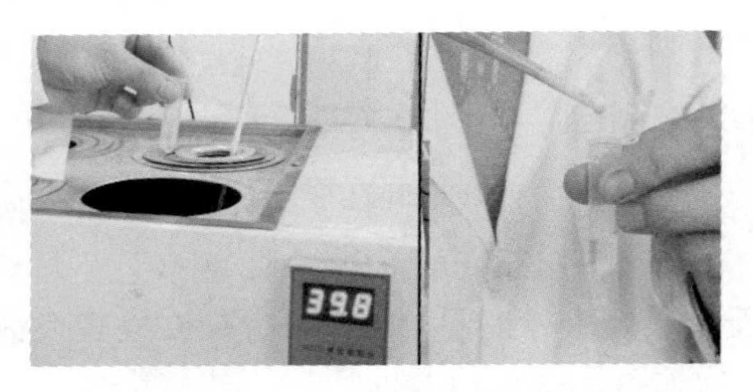

图 4–49　颗粒冻精的解冻

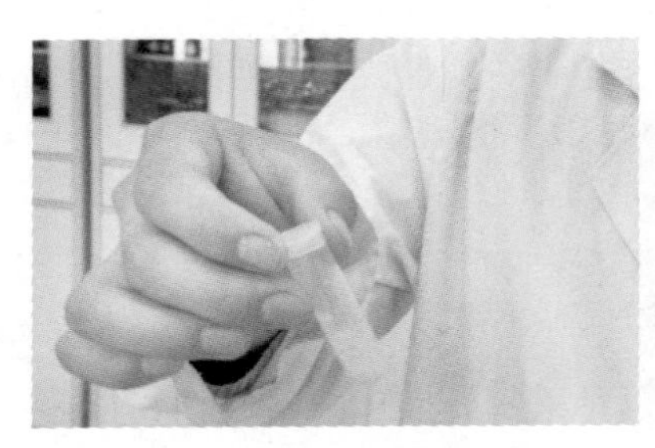

图 4–50　颗粒冻精的溶解

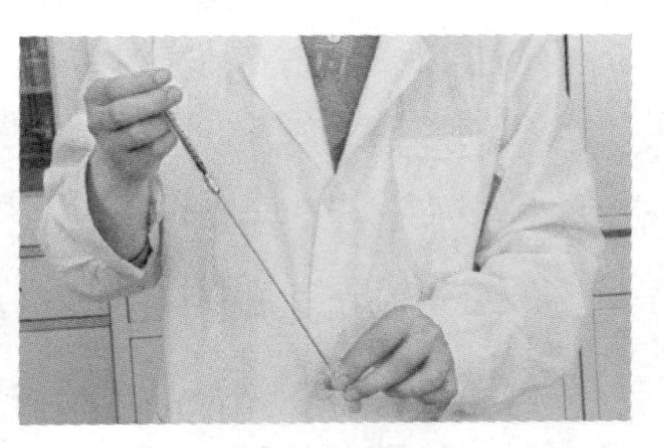

图 4–51　输精器吸取精液

2. 细管冻精的解冻

①解冻所需器材：恒温水浴锅（可用烧杯或保温杯结合温度计代替）、镊子、细管钳、输精枪及外套管（图 4–52）。

②用镊子从液氮罐中取出细管冻精，由液氮罐提取的细管冻精在液氮罐颈部停留不应超过 10 秒钟，贮精瓶停留部位应在距液氮罐颈管部 8 厘米以下。从液氮罐取出细管冻精到投入保温杯时间尽量控制在 3 秒钟以内（图 4–53）。

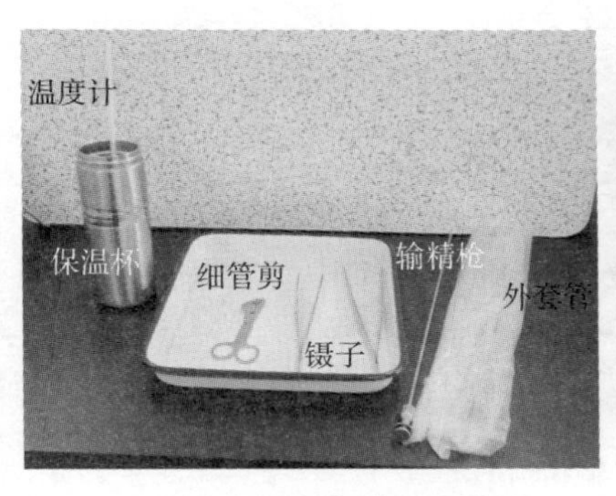

图 4–52　解冻冻精所需器材

图 4–53　从液氮罐中取出细管冻精

③将细管冻精直接投入到 40℃水浴锅（或用温度计将保温杯水温调整至 40℃），摇晃至完全溶解。也可在水浴加温在（40 ± 0.2）℃解冻，将细管冻精投入到 40℃水浴解冻 3 秒钟左右，有一半溶解以后拿出使其完全溶解。

④将解冻好的细管冻精装入输精器中，封口端朝外，再用细管钳将细管从露出输精器的部分剪开，套上外套管，准备输精。

（三）输精操作

羊的输精主要采用开膣器输精法。输精前开膣器和输精器可采用火焰消毒，将酒精棉球点燃，利用火焰对开膣器和输精器进行消毒（图 4–54–1、图 4–54–3），并在开膣器前端涂上润滑剂

（红霉素软膏或凡士林等均可）（图 4–54–2），将精液吸入输精器（图 4–54–4）。

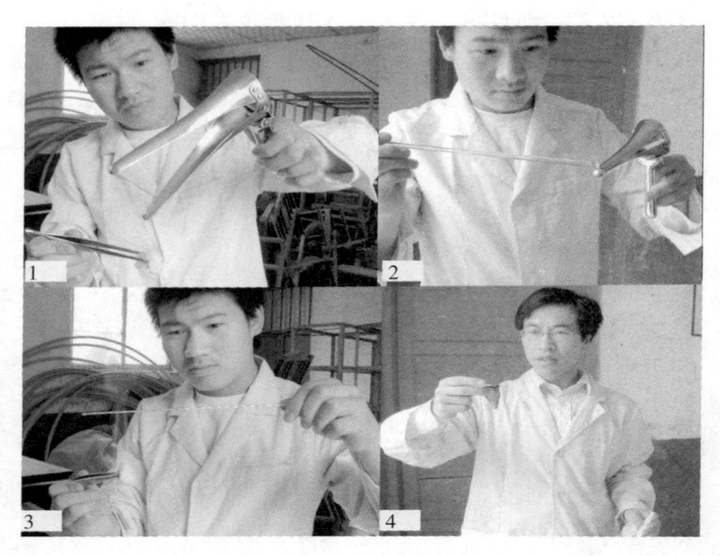

图 4–54　输精前的准备

1. 母羊的保定

母羊可采用保定架保定（图 4–55）、单人保定和双人保定。对体格较大的母羊可采用保定架或双人保定（图 4–56）。体格

图 4–55　羊保定架输精

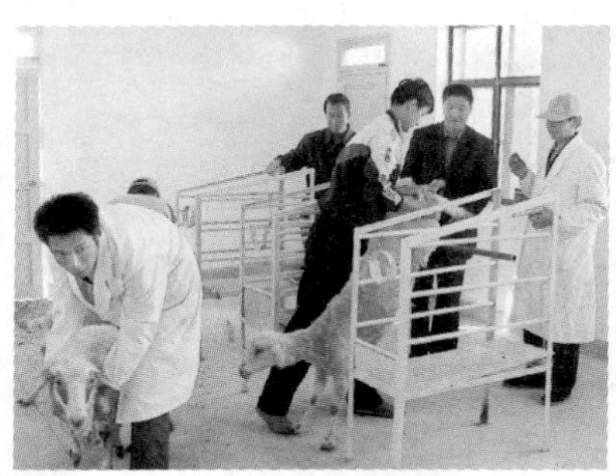

图 4–56　羊的保定输精

中、小的母羊可采用单人倒提保定（图 4–57）。

围栏颈枷保定输精是专门为工厂化养羊设计的保定输精装置（图 4–58），该装置极大地节约了人力资源，每人每天可输精母羊 200 只以上。

图 4–57　单人倒提保定

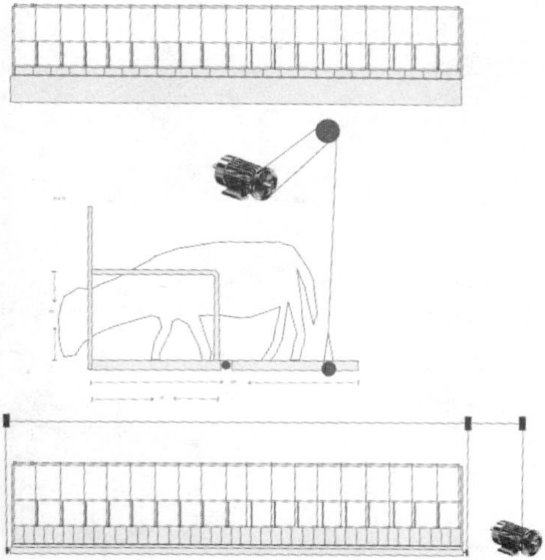

图 4–58　羊专用围栏颈枷保定示意图

2. 输精操作流程

①用卫生纸或捏干的酒精棉球将母羊外阴部粪便等污物擦干净（图 4–59–1、图 4–59–2）。

②用开膣器先朝斜上方、侧进入阴道（图 4–59–3）。

③开膣器前端快抵达子宫颈口时，将开膣器转平，然后打开开膣器（图 4–59–4、4–59–5）。

④看到子宫颈口时（图 4–60），用输精器头旋转进入子宫颈（图 4–59–6）。

⑤等输精枪无法再进入子宫时，将精液注入。

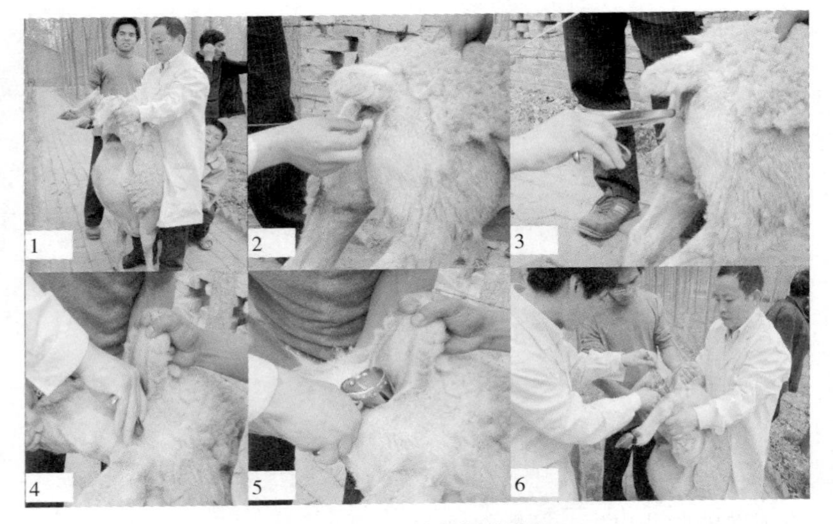

图 4–59　羊输精操作流程

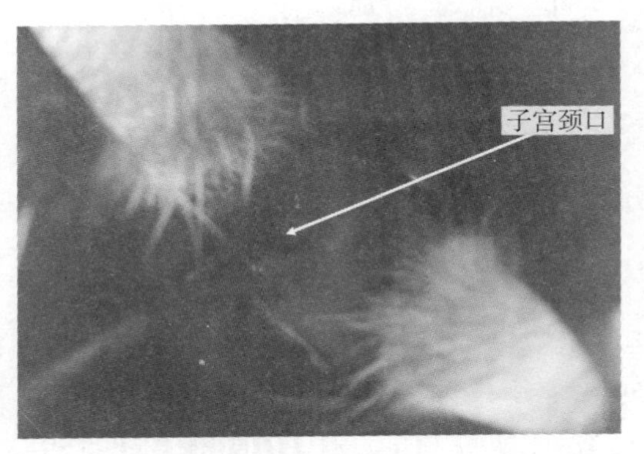

图 4–60　母羊子宫颈

3. 注意事项

给母羊输精时，输精器进入子宫时难度较大，通常深度为 2～3 厘米，最佳位置是通过子宫颈，直接输到子宫体内。输精完成后，将母羊再倒提保定 2 分钟，防止精液倒流。输精完成后，输精器和开膣器必须清洗干净。

第五章
羊的妊娠和妊娠诊断

一、羊的妊娠

母羊发情接受输精或交配后，从精卵结合形成胚胎一直到发育成熟的胎儿出生，胚胎在母体内发育的整个时期为妊娠期。妊娠期间，母羊的全身状态特别是生殖器官相应地会发生一些生理变化。

（一）胚胎的发育

胚胎期是指受精卵继续发育成为胎儿以前的阶段。胚胎期较短，约占妊娠全期的 1/4 或更少些。

（二）胚胎的附植

胚泡在子宫腔内游离一段时间以后由于泡腔内液体增多，胚泡变大，在子宫内的活动受到限制，位置逐渐固定下来，开始与子宫建立密切的联系，这一过程称为附植或着床。绵羊受精后 10～20 天胚胎开始附植。

母羊的妊娠期长短因品种、营养及单双羔因素有所变化。一般山羊妊娠期略长于绵羊。山羊妊娠期正常范围为 142～161 天，平均为 152 天；绵羊妊娠期正常范围为 146～157 天，平均为 150 天。

（三）妊娠母羊体况的变化

妊娠母羊新陈代谢旺盛，食欲增强，消化能力提高；因胎儿的生长和母体自身重量的增加，妊娠母羊体重明显上升；妊娠前期因代谢旺盛，妊娠母羊营养状况改善，表现毛色光润、膘肥体壮；妊娠后期则因胎儿急剧生长消耗母体营养，如饲养管理较差时，妊娠母羊则表现瘦弱。

（四）妊娠母羊生殖器官的变化

母羊妊娠后，妊娠黄体在卵巢中持续存在，从而使发情周期中断；妊娠母羊子宫增生，继而生长和扩展，以适应胎儿的生长发育；妊娠初期阴门紧闭，阴唇收缩，阴道黏膜的颜色苍白。随妊娠时间的延长，阴唇表现水肿，其水肿程度逐渐增加。

二、羊的妊娠诊断

配种后的母羊应尽早进行妊娠诊断，以便及时发现空怀母羊，采取补配措施。对已受胎的母羊应加强饲养管理，避免流产，这样可以有效提高羊群的受胎率和繁殖率。

（一）外部观察法

母羊受胎后，在孕激素的制约下，发情周期停止，不再有发情征状，性情变得较为温顺。同时，甲状腺活动逐渐增强，妊娠母羊的采食量增加，食欲增强，营养状况得到改善，毛色变得光亮润泽。仅靠表观征状观察不易确切诊断母羊是否妊娠，因此还应结合触诊法来确诊。

（二）触 诊 法

待检查母羊自然站立，然后用两只手以抬抱方式在腹壁前

后滑动，抬抱的部位是乳房的前上方，用手触摸是否有胚胎胞块。注意抬抱时手掌展开，动作要轻，以抱为主。还有一种方法是直肠—腹壁触诊。待查母羊用肥皂灌洗直肠排出粪便，使其仰卧，然后用直径1.5厘米、长约50厘米、前端圆如弹头状的光滑木棒或塑料棒作为触诊棒，使用时涂抹上润滑剂，经过肛门向直肠内插入30厘米左右，插入时注意贴近脊椎。一只手用触诊棒轻轻把直肠挑起来以便托起胎胞，另一只手则在腹壁上触摸，如有胞块状物体即表明已妊娠；如果摸到触诊棒，将棒稍微移动位置，反复挑起触摸2～3次，仍摸到触诊棒即表明未受胎。

注意，挑动时动作要轻，以免损伤直肠。羊属中小牲畜，不能像牛、马那样能做直肠检查，因此触诊法对于羊的早期妊娠诊断来说，是很重要的一种方法，而且准确率也很高。

（三）阴道检查法

母羊妊娠后，阴道黏膜的色泽、黏液性状及子宫颈口形状均有一些和妊娠相一致的规律变化。

1. 阴道黏膜

母羊妊娠后，阴道黏膜由空怀时的淡粉红色变为苍白色，但用开膣器打开阴道后，很短时间内即由白色又变成粉红色。空怀母羊黏膜始终为粉红色。

2. 阴道黏液

妊娠母羊的阴道黏液呈透明状，而且量很少，因此也很浓稠，能在手指间牵成线。相反，如果黏液量多、稀薄、颜色灰白的母羊为未受胎。

3. 子 宫 颈

妊娠母羊子宫颈紧闭，色泽苍白，并有糨糊状的黏块堵塞在子宫颈口，人们称之为“子宫栓”。与发情鉴定一样，在做阴道检查之前应认真对所用器械和羊外阴部进行清洁、消毒。

（四）免疫学诊断法

妊娠母羊血液、组织中具有特异性抗原，能与血液中的红细胞结合在一起，用它诱导制备的抗体血清和待查母羊的血液混合时，妊娠母羊的血液红细胞会出现凝集现象。如果待查母羊没有妊娠，就会因为没有与红细胞结合的抗原，加入抗体血清后红细胞不会发生凝集现象。由此可以判定被检母羊是否妊娠。

（五）孕酮水平测定法

测定方法是将待查母羊在配种 20～25 天后采血制备血浆，再采用放射免疫标准试剂与之对比，判断血浆中的孕酮含量，判定妊娠的参考标准为：绵羊每毫升血浆中孕酮含量大于 1.5 纳克，山羊大于 2 纳克。

（六）返情检查和超声波诊断

1. 妊娠诊断时间

人工授精后 15～25 天用试情公羊试情，40 天以后用超声波诊断仪（B 超）进行妊娠诊断。

2. 超声波探测法

超声波探测仪是一种先进的诊断仪器（图 5–1、图 5–2），有条件的地方利用它来做早期妊娠诊断便捷可靠。检查方法是将待查母羊保定后，在腹下乳房前被毛稀少的地方涂上凡士林或液状石蜡等耦合剂，将超声波探测仪的探头对着骨盆入口方向探查（图 5–3、图 5–4）。用超声波诊断羊早期妊娠的时间最好是配种 40 天以后，这时胎儿的鼻和眼已经分化，易于诊断。

试情检查结合 B 超进行妊娠诊断，是目前羊妊娠诊断最准确、也是最为有效的方法。B 超的使用必须熟练。

不同妊娠阶段 B 超观察到的胎儿发育情况见图 5–5 至图 5–10。

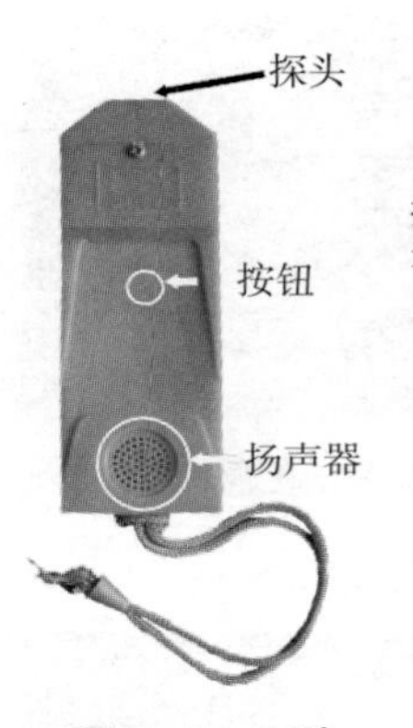

图 5–1　A 型超声波诊断仪

图 5–2　便携式 B 型超声波诊断仪

图 5–3　B 超进行妊娠诊断

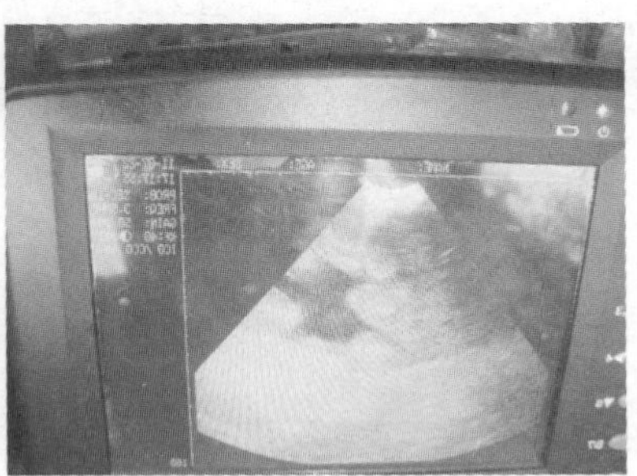

图 5–4　B 超检测到的胎儿

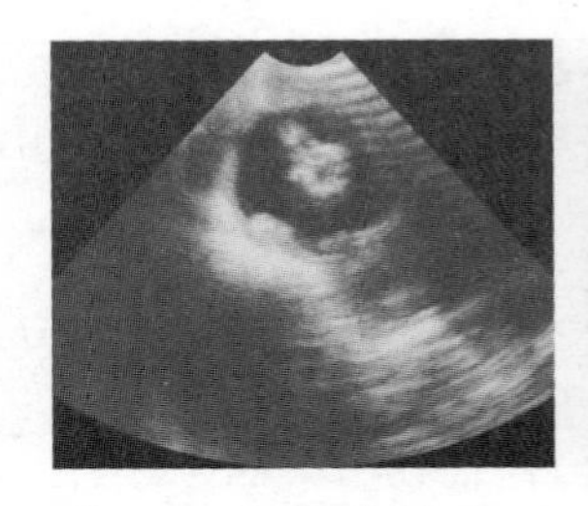

图 5–5　妊娠时间 30 天

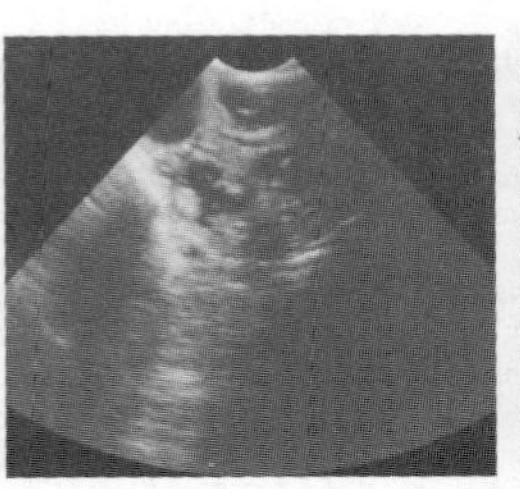

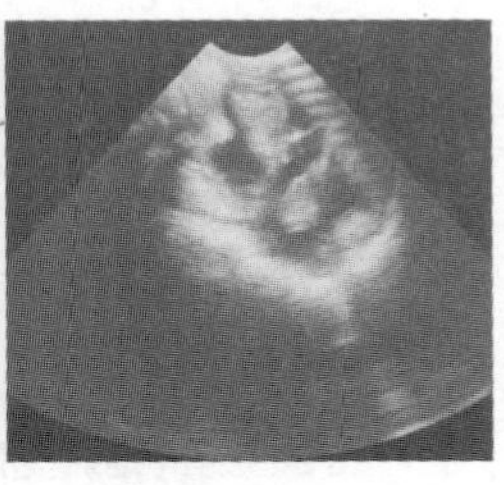

图 5–6　妊娠时间 35 天

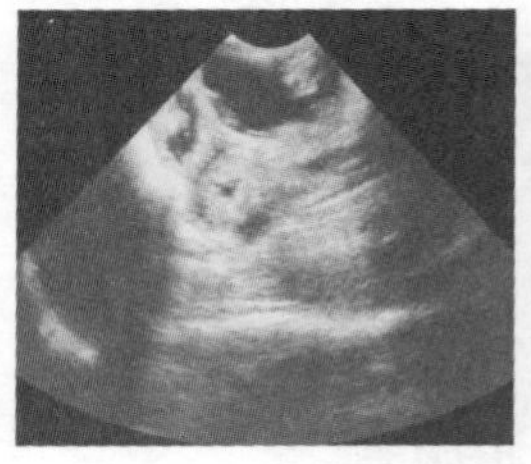
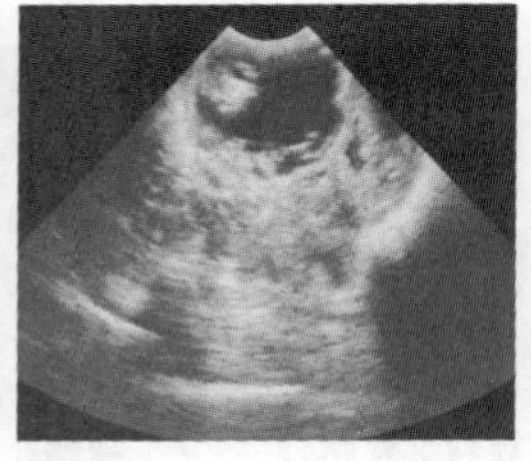

图 5-7　妊娠时间 40 天

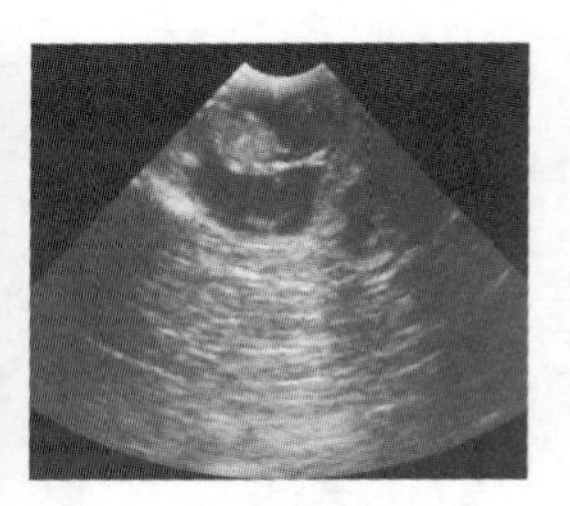

图 5-8　妊娠时间 50 天

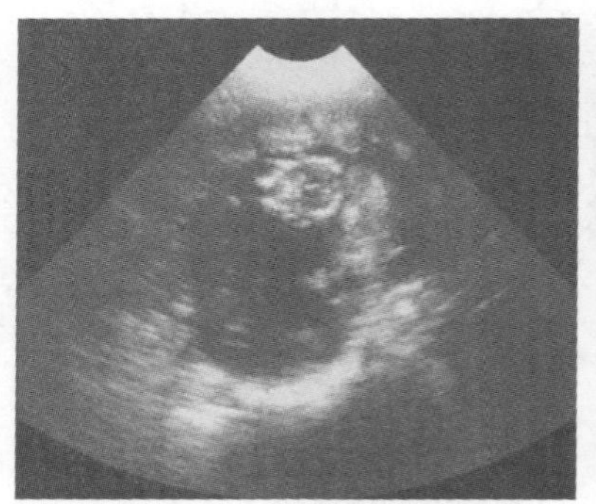

图 5-9　妊娠时间 60 天

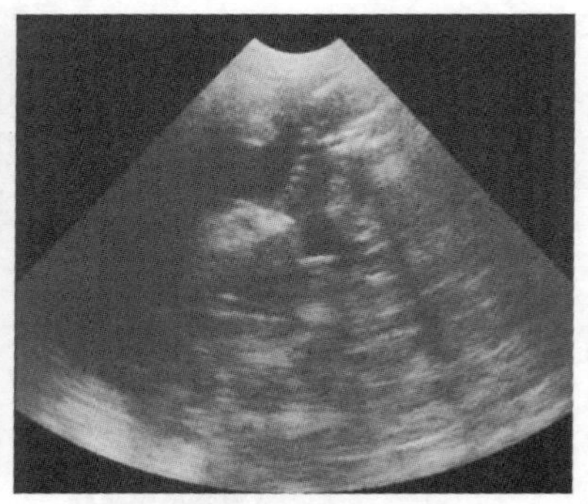

图 5-10　妊娠时间 70 天

（七）母羊预产期的推算

母羊妊娠后，为做好分娩前的准备工作，应准确推算产羔期，即预产期。羊的预产期可用公式推算，即配种月份加 5，配种日期数减 2。

例一，某羊于 2011 年 5 月 24 日配种，它的预产期为：

5+5＝10（月）预产月

24–2＝22（日）预产日期

即该羊的预产日期是 2011 年 10 月 22 日。

例二，某羊于 2011 年 10 月 8 日配种，它的预产期为：

10 + 5＝15（月），大于 12，可将分娩年份推迟 1 年，并将该月份减去 12 个月，余数就是翌年预产月数，即 15-12＝3（月）。

8-2＝6（日）预产日期

即该母羊的预产期是 2012 年 3 月 6 日。

第六章
羊的分娩与助产

一、羊的分娩

（一）母羊的分娩征兆

母羊在分娩之前，会在行为上和生理上发生一系列的变化，这些变化称为分娩征兆。母羊的分娩征兆主要体现在以下 4 个方面。

1. 行为变化

母羊分娩前精神不安，食欲减退，回顾腹部，时起时卧，不断努责和扒地，腹部明显下陷是临产的典型征兆。

2. 乳房变化

乳房在分娩前迅速发育，腺体充实，临近分娩时可从乳头中挤出少量清亮胶状液体或少量初乳，乳头增大变粗。

3. 外阴变化

临近分娩时，阴唇逐渐柔软，肿胀、增大，阴唇皮肤上的皱襞展开，皮肤稍变红。阴道黏膜潮红，黏液由浓厚黏稠变为稀薄滑润，排尿频繁。

4. 骨盆变化

骨盆的耻骨联合，荐髂关节及骨盆两侧的韧带活动性增强，在尾根及两侧松软，肷窝明显凹陷。用手握住尾根做上下活动，感到荐骨向上活动的幅度增大。

（二）分娩过程

分娩就是指妊娠子宫在内分泌调节和母体机械刺激下将胎儿和胎衣排出的过程。分娩过程分为 3 个阶段。

1. 准备阶段

准备阶段是以子宫颈的扩张和子宫肌肉有节律性地收缩为主要特征。在这一阶段的开始，每 15 分钟左右便发生 1 次收缩，每次约 20 秒钟，由于是一阵一阵的收缩，故称之为“阵缩”。在子宫阵缩的同时，母羊的腹壁也会伴随着发生收缩，称之为“努责”。阵缩与努责是胎儿产出的基本动力。在这个阶段，扩张的子宫颈和阴道成为一个连续管道。胎儿和尿囊绒毛膜随着进入骨盆入口，尿囊绒毛膜开始破裂，尿囊液流出阴门，称之为“破水”。羊分娩准备阶段的持续时间为 0.5～24 小时，一般为 2～6 小时。若尿囊绒毛膜破裂后超过 6 小时胎儿仍未产出，即应考虑胎儿产势是否正常，超过 12 小时，即应按难产处理。

2. 胎儿产出阶段

胎儿随同羊膜继续向骨盆出口移动，同时引起膈肌和腹肌反射性收缩，使胎儿通过产道产出。胎儿从显露到产出体外的时间为 0.5～2 小时，产双羔时，两胎儿产出时间先后间隔 5～30 分钟。胎儿产出时间一般为 2～3 小时，如果时间过长，则可能是胎儿产势不正常形成难产。

3. 胎衣排出阶段

羊的胎衣通常在分娩后 2～4 小时内排出。胎衣排出的时间一般需要 0.5～8 小时，但不超过 14 小时，否则会引起子宫炎等一系列疾病。

（三）助产的注意事项

1. 了解母羊分娩前的表现

助产人员应该事先了解母羊在分娩前有哪些征兆，然后根据

母羊的表现来判断母羊分娩时间，做好助产前的准备工作。

2. 提前做好助产准备

（1）产房的准备 母羊产房要求光线充足、宽敞、卫生、地面干燥保暖，有害气体控制在允许范围内，没有贼风。有条件的地方可以单独建母羊产房，将临近分娩的母羊送到产房，产羔后再将母仔返回母羊舍。由于产羔后，母羊舍存栏的羊只数迅猛增加，所以要求母羊舍必须宽敞，防止母羊相互争斗而受到伤害及母羊踩压死初生羔羊的情况发生。在产羔前，应对母羊舍、产房等羔羊接触的地方用3%～5%火碱水或10%～20%石灰乳进行一次彻底消毒。

（2）物资及药品的准备 需准备的用具、药品主要有脸盆、水桶、扫帚、毛巾、肥皂、抹布、手电、灯泡、火炉、打号工具、针管、产羔记录本、奶粉、奶瓶、奶羊、锹、水槽料槽、高锰酸钾粉、来苏儿水、酒精、葡萄糖粉、破伤风抗毒素、“三联苗”“羊痘苗”“胸膜肺炎苗”等。

（3）精心挑选护羔人员 护羔员的责任心及技术水平是决定羔羊成活的重要因素。护羔工作要求心细、有耐心，且要求具有一定的养羊知识及常见病的治疗技术；既要做好羔羊哺乳、代哺、消毒、防疫、治疗，又要做好补饲、放牧、清扫圈舍、打耳标等工作。一般情况下，应对护羔员做好接羔等有关技术培训工作。

3. 假死羔羊的急救

羔羊产出后，身体发育正常，心脏仍有跳动，但不呼吸，这种情况称为假死。羔羊假死主要是由于羔羊过早地呼吸而吸入羊水，或是子宫内缺氧、分娩时间过长、受凉等原因造成的。如果遇到羔羊假死情况，要及时进行抢救处理。

（1）羔羊有微弱呼吸 首先将口腔、鼻腔内的黏液和羊水清除干净，然后进行人工呼吸，方法：一是一人将羔羊的两后肢提起悬空，另一人两手握住羔羊的两前肢有节律地挤压胸腹部。二是让羔羊平卧，用两手有节律地推压胸部。刺激呼吸反射，同时及时清除从口、鼻流出的黏液和羊水，直至羔羊出现呼吸动作。待羔羊复活后，将羔羊放到保温箱内使其尽快恢复体力，并进行人工哺乳。

（2）**羔羊无呼吸**　应尽快将口腔、鼻腔内的黏液和羊水清除干净，然后进行人工呼吸，同时肌内注射尼可刹米或樟脑水 0.5 毫升。

（四）羊的诱导分娩

诱导分娩也称人工引产，是指在妊娠末期的一定时间内，注射激素制剂，诱导妊娠母羊终止妊娠，在比较确定的时间内分娩，产出正常的羔羊，针对个体称之为诱导分娩，针对群体则称之为同期分娩。通过人为诱导分娩能使同期受胎母羊的分娩更为集中，有利于羊群的管理工作，如有计划地在白天接产、护羔和育羔，能够提高羔羊的成活率。

1. 绵羊的引产方法

绵羊可行的引产方法是在妊娠 144 天时，注射地塞米松注射液 12～16 毫克，多数母羊在 40～60 小时内产羔。在预产前 3 天使用雌二醇苯甲酸盐或氯前列烯醇注射液 1～2 毫升，也能诱导母羊分娩，但效果不如糖皮质激素好。

2. 山羊的引产方法

山羊的诱导分娩与绵羊相似。妊娠 144 天时，肌内注射前列腺素 2a（PGF_{2a}）毫克或地塞米松注射液 16 毫克，至产羔平均时间分别为 32 小时和 120 小时，而不处理的母羊为 197 小时。

3. 注意事项

在生产中经发情同期化处理，并对配种的母羊进行同期诱导分娩最有利，预产期接近的母羊可作为一批进行同期诱导分娩。例如，同期发情配种的母羊妊娠第 142 天晚上注射，第 144 天早上开始产羔，持续到第 145 天全部产完。

二、产后母羊及羔羊的护理

（一）产后母羊的护理

在分娩和产后期中，母羊整个机体，特别是生殖器官发生激烈的变化，机体抵抗力降低，产出胎儿时，子宫颈开张，产道黏膜表皮可能造成损伤，产后子宫内又积存大量的恶露，即为微生物的侵入创造了条件；同时，分娩过程中，母羊丧失了很多水分。因此，对产后期的母羊应妥善照顾。产后母羊管理要点：

①产后要供给母羊足够的温水和麸皮盐水汤等。

②保持母羊外阴部的清洁，每日用消毒溶液清洗母羊外阴部，尾巴及后躯，以利母羊产后恢复。

③供给优质，易消化的饲料，但不宜过多，否则容易引起消化道及乳腺疾病。饲料经过 1 周可逐渐变为正常。

④青饲料不宜过多，以免乳汁分泌过多，引起母羊乳腺炎或羔羊腹泻。

⑤羊舍内垫上清洁的垫草，并及时更换。

⑥对产后母羊认真进行观察，若发现母羊出现病理现象，应及时妥善处理。

（二）羔羊的护理

初生羔羊是指从出生到脐带脱落这一时期。羔羊脐带一般是在出生后的第二天开始干燥，6 天左右脱落，脐带干燥脱落得早晚与断脐的方法、气温及通风有关。初生羔羊的护理工作是羔羊生产的中心环节，要想提高羔羊成活率，除了做好妊娠母羊的饲养管理、使之产下健壮羔羊外，搞好羔羊饲养管理也是关键环节。

1. 清除口、鼻腔黏液

羔羊产出后，用干净的纱布迅速将羔羊口、鼻、耳中的黏液清除干净，防止羔羊窒息（图 6–1）。

2. 擦干羊体

让母羊舔干羔羊身上的黏液。如母羊不舔，可在羔羊身上撒些麸皮，诱导其舔干。其作用是：增进母仔感情，促进母羊体内缩宫素的分泌，有利于胎衣排出（图 6–2）。

图 6–1　清除黏液

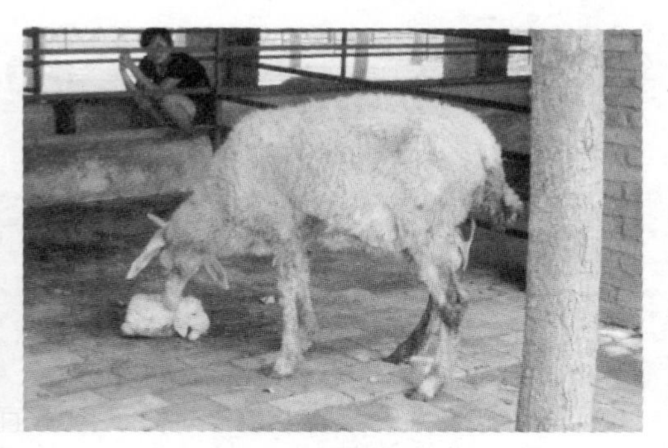
图 6–2　母羊舔干羔羊

3. 断　脐

多数羔羊产出后脐带会自行扯断，可用 5% 碘酊消毒脐带。脐带未断时，可在距羔羊腹部 5～10 厘米处向腹部挤血后剪断，再用 5% 碘酊充分消毒（图 6–3）。

4. 喂 初 乳

产羔完毕后，剪掉母羊乳房周围长毛，用温水或高锰酸钾液消毒乳房并弃去最初几滴乳，待羔羊自行站立后，辅助其吃上初乳，以获得营养与免疫抗体。用 0.1% 高锰酸钾溶液清洗母羊乳房，再用毛巾擦干。羔羊应于出生后 30 分钟内吃上初乳（图 6–4 至图 6–7）。

5. 称　重

羔羊出生后，在第一次吃初乳之前，对羔羊进行称重，并做记录（图 6–8）。

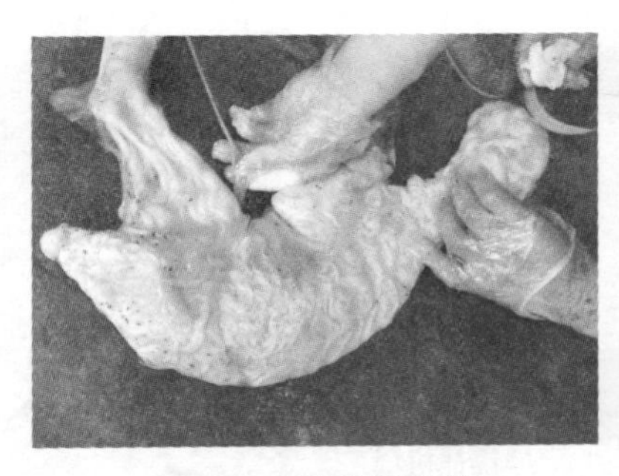

图 6-3　羔羊断脐带

图 6-4　清洗母羊乳房

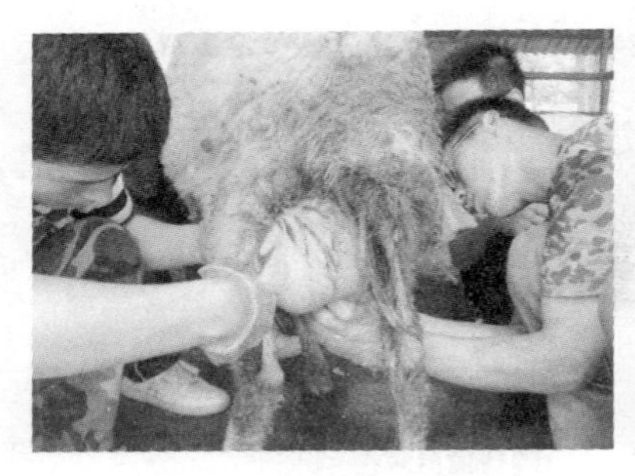

图 6-5　挤出初乳

图 6-6　羔羊吃到初乳

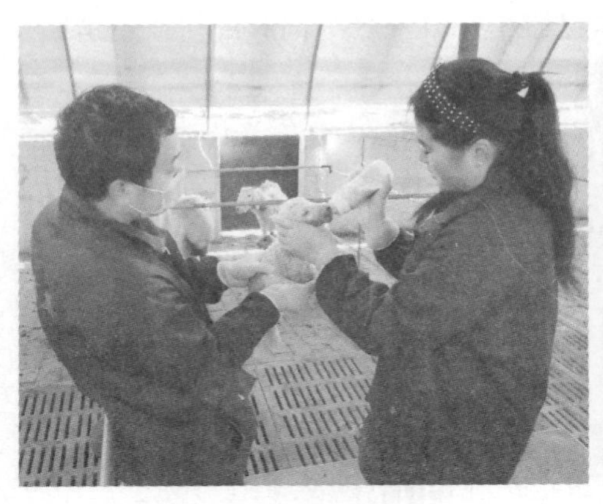

图 6-7　人工哺喂羔羊

图 6-8　称　重

6. 编　号

羔羊出生后 7 天内，应对羔羊打耳号或戴上耳标，以便于生产管理（图 6–9）。

7. 记录备案

对羔羊出生时的一些基本情况进行记录，以便日后查阅。

8. 注射破伤风抗毒素

在羔羊出生 12 小时以内注射破伤风抗毒素。

9. 断　尾

绵羊羔羊出生后 7 天内，在第三、第四尾椎处采取结扎法进行断尾（图 6–10）。

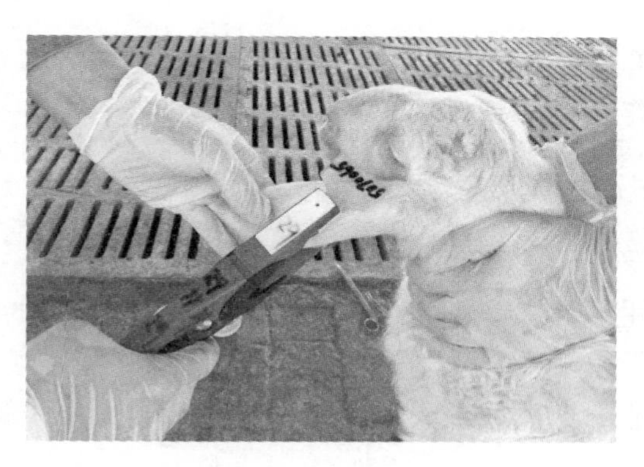

图 6–9　打 耳 标

图 6–10　结扎断尾

第七章
羊常见繁殖障碍防治

一、造成繁殖障碍的原因及预防

造成羊繁殖障碍的原因错综复杂，总体上可分为先天性和获得性两大类。

（一）造成繁殖障碍的原因

1. 先天性繁殖障碍

先天性繁殖障碍是指由于遗传因素、生殖器官的发育异常、配子（精子和卵子）及合子（胚胎）具有某些生物学上的缺陷，而使繁殖能力低下或丧失。例如，两性畸形和异性孪生母羊等（图 7–1）。

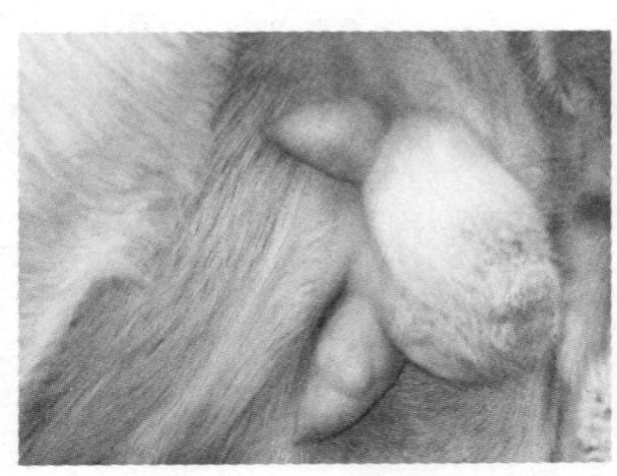
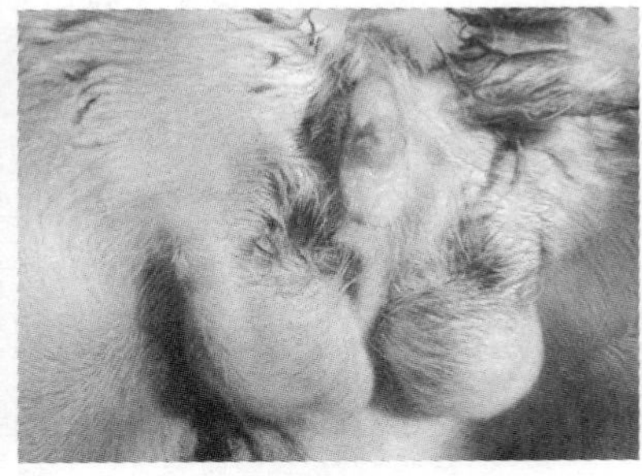

图 7–1　两性畸形

2. 获得性繁殖障碍

获得性繁殖障碍是指由于饲养管理不当、繁殖技术不良、气候水土不服、衰老和疾病等原因造成的繁殖障碍。其中以疾病性繁殖障碍较为多见。

疾病性繁殖障碍是由母羊生殖器官和其他器官的疾病或者功能异常引起的，不育是这些疾病的一种症状。在人工授精、阴道检查、接产、手术助产及进行其他产科操作处理过程中，消毒不严引起生殖道感染，可以造成疾病性繁殖障碍。除了生殖器官的疾病及功能异常外，许多其他疾病，如心脏疾病、肾脏疾病、消化道疾病、呼吸道疾病、神经疾病、衰弱及某些全身疾病，也可引起卵巢功能不全及持久黄体而导致繁殖障碍；有些传染性疾病和寄生虫病也能引起繁殖障碍。

现将造成羊繁殖障碍的原因分类如下，为制定切实可行的防治计划，及时找出繁殖障碍的原因提供参考（表 7–1）。

表 7–1　繁殖障碍的分类及原因

<table>
<tr><th colspan="4">繁殖障碍的种类</th><th>引起繁殖障碍的原因</th></tr>
<tr><td colspan="4">先天性繁殖障碍</td><td>近亲繁殖、种间杂交、幼稚病、两性畸形、卵巢发育不全和生殖道畸形</td></tr>
<tr><td rowspan="5">后天性繁殖障碍</td><td rowspan="5">饲养管理性</td><td colspan="2">营　养</td><td>饲料品质不良，某些氨基酸、维生素、矿物质的缺乏或不平衡，饥饿，饲草料的中毒等</td></tr>
<tr><td colspan="2">管　理</td><td>运动不足，羊舍卫生不良，哺乳期过长和挤奶过度</td></tr>
<tr><td rowspan="3">繁殖技术性</td><td>发情鉴定</td><td>漏配或配种不适时</td></tr>
<tr><td>配种（人工授精）</td><td>漏配，公羊精液品质不良，公羊配种困难
人工授精：精液处理不当，冻精品质不良，输精技术不熟练</td></tr>
<tr><td>妊娠检查</td><td>没有及时进行妊娠诊断或检查不准确，未发现空怀</td></tr>
</table>

续表 7-1

<table>
<tr><th colspan="3">繁殖障碍的种类</th><th>引起繁殖障碍的原因</th></tr>
<tr><td rowspan="5">后天性繁殖障碍</td><td colspan="2">环　境</td><td>由外地新引进的羊，不适应环境；天气变化无常，热应激，冷应激</td></tr>
<tr><td colspan="2">衰　老</td><td>生殖器官萎缩，功能减退</td></tr>
<tr><td colspan="2">免　疫</td><td>抗精子免疫不孕症、抗透明带免疫性不孕症</td></tr>
<tr><td rowspan="2">疾病性</td><td>传染性疾病和寄生虫病</td><td>布鲁氏菌病、沙门氏菌病、李氏杆菌病、支原体病、衣原体病等；蓝舌病、Q 热等病毒病；弓形虫病、边虫病等</td></tr>
<tr><td>非传染性疾病</td><td>生殖器官疾病</td></tr>
</table>

在调查繁殖障碍的原因时，除了对母羊的生殖器官进行详细的检查外，对母羊的整体也应进行全面的检查，因为繁殖障碍有时仅是机体健康不佳的表现症状。尤其是应对传染性疾病和寄生虫病进行详细检查，以便及时发现并进行治疗。

许多环境因素也是造成繁殖障碍的原因，羊舍温度过高或寒冷等也会引起繁殖障碍。因此，必须改善羊舍环境，及时清理粪便，提供一个健康舒适的生活环境，是保证母羊健康繁殖的前提条件。

（二）羊繁殖障碍的预防

对先天性繁殖障碍，大多数羊没有治疗意义，应及时发现及时淘汰，或作为育肥处理。对后天性繁殖障碍，主要还是以预防为主，应从饲养员、兽医、繁殖技术员等多方面着手，结合造成繁殖障碍的原因，采取相应的治疗措施。

1. 饲养方面

营养水平对羊只的繁殖影响极大。种公羊在配种季节与非配种季节均应给予全价的营养物质，因为对公羊而言，良好的种用体况是基本的饲养要求。实践中可能重视配种季节的饲养管理，而放松对非配种季节的饲养和管理，结果往往造成在配种季节到来时，公羊的性欲、采食量、精液品质等均不理想，轻者影响当年配种能力，重者影响公羊的生殖，造成繁殖障碍。种公羊种用体况并不是指公羊膘情越肥越好。公羊良好种用体况的标志应该是：性欲旺盛，接触母羊时有强烈的交配欲；体力充沛。喜欢与同群或异群羊只挑逗打闹；行动灵活，反应敏捷；射精量大，精液品质好。

母羊的营养状况具有明显的季节性。从季节方面来说，枯草期和青草期是很不相同的；从母羊的生理状态来说，妊娠母羊、哺乳母羊及断奶后恢复期的母羊，它们的营养情况也很不相同。对营养中下等和瘦弱的母羊要在配种前 1 个月给予必要的补饲。肉羊生产中应做到对妊娠后期及哺乳期母羊进行良好的饲养管理，以提高羊群的繁殖力。因为草料不足，饲料单一，尤其是缺少蛋白质和维生素，是羊只不发情的主要原因。

为了合理利用饲料，科学养育，使母羊正常发情和繁殖，防止母羊不孕症的发生，尤其是农村散养户应该做到：

抓紧夏秋有利时机，大量收集青干草和树叶，此类野生饲料含有较丰富的蛋白质和羊繁殖所需要的维生素，应于割青季节，赶在青草生长旺盛、尚未衰老之际，适时收割、晒干、贮存，以备冬春喂用。

大力推广青贮饲料，夏、秋季节不失时机地收集玉米秸、甘薯秧、花生秧和青草等制作青贮饲料、能有效地保存青饲料中的各种营养，以确保母羊的正常繁殖能力。

大力制作氨化饲料，冬、春季如果饲喂氨化饲草，不仅可节约部分精饲料，又能使母羊不掉膘，促进其正常发情和繁殖。

2. 管理方面

在母羊的繁殖障碍中，由于管理不当引起的占很大的比例，因此改善管理措施是有效防治繁殖障碍的一个重要方面，需要饲养员、繁殖技术员和兽医认真负责，相互配合，发挥主动作用。

（1）**重视后备母羊的饲养**　对后备母羊必须提供足够的营养物质和平衡饲粮，及时进行疫病预防和驱虫，保证健康成长，以便按时出现有规律的发情周期。

（2）**严格执行卫生措施**　在对母羊进行阴道检查、人工授精及分娩时，一定要严格消毒，尽量防止发生生殖道感染；对影响繁殖的传染性疾病和寄生虫病要及时预防和治疗；新进母羊应隔离观察1个月时间，并进行检疫和预防接种。

（3）**完善繁殖记录**　对每只母羊都应该有完整准确的繁殖记录，耳标应清晰明了，便于观察。繁殖记录表格简单实用，可使饲养员能将观察的情况及时、准确地进行记录，包括羊的发情，发情周期的情况、配种，妊娠情况、生殖器官的检查情况、父母亲代资料、后代情况、预防接种及药物使用，以及分娩、流产的时间及健康状况。

二、羊常见繁殖障碍病的防治

（一）流　产

流产又称为妊娠中断，是指由于胎儿或母体的生理过程发生紊乱，或它们之间的正常关系受到破坏，而导致的妊娠中断。

1. 病因及分类

流产的类型极为复杂，可以概括分为3类，即传染性流产、寄生虫性流产和普通流产（非传染性流产或散发性流产）。

（1）**传染性和寄生虫性流产**　传染性和寄生虫性流产主要是由布鲁氏菌、沙门氏菌、绵羊胎儿弯杆菌、衣原体、支原体、边虫病及寄生虫等传染病引起的流产。这些传染病往往是侵害胎盘及胎儿引起自发性流产，或以流产作为一种症状，而发生症状性流产。

（2）**普通流产（非传染性流产）**　普通流产又有自发性流产

和症状性流产。自发性流产主要是胚胎或胎盘胎膜异常导致的流产，是由内因引起；症状性流产主要是由于饲养管理不当，损伤及医疗错误引起的流产，属于外因造成的流产（图 7–2）。

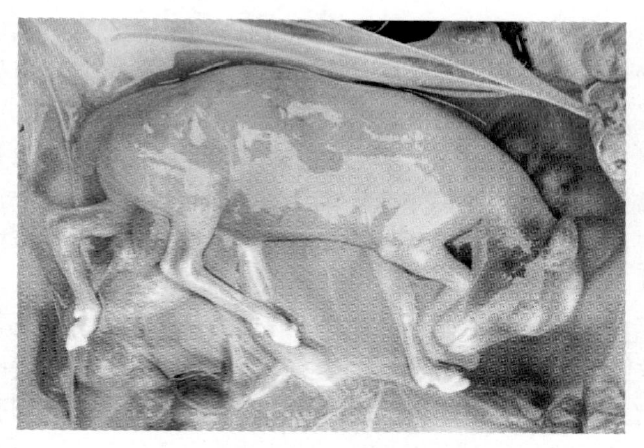

图 7–2　流产胎儿

2. 诊　断

引起流产的原因是多种多样的，各种流产的症状也有所不同。除了个别病例的流产在刚一出现症状时可以试行制止阵缩以外，大多数流产一旦有所表现，往往无法阻止。尤其是群牧羊只，流产常常是成批的，损失严重。因此，在发生流产时，除了采用适当治疗方法，以保证母羊及其生殖道的健康以外，还应对整个羊群的情况进行详细调查分析，观察排出的胎儿及胎膜，必要时采样进行实验室检查，尽量做出确切的诊断，然后提出有效的具体预防措施。

调查材料应包括饲养放牧条件及制度（确定是否为饲养性流产）；管理及生产情况，是否受过伤害、惊吓，流产发生的季节及天气变化（损伤性及管理性流产）；母羊是否发生过普通病、羊群中是否出现过传染性及寄生虫性疾病；以及治疗情况如何，

流产时的妊娠月份，母羊的流产是否带有习惯性等。

对排出的胎儿及胎膜，要进行细致观察，注意有无病理变化及发育反常。在普通流产中，自发性流产表现有胎膜上的反常及胎儿畸形；霉菌中毒可以使羊膜发生水肿、皮革样坏死，胎盘也水肿、坏死并增大。由于饲养管理不当、损伤及母羊疾病、医疗事故引起的流产，一般都看不到明显变化。有时正常出生的胎儿，胎膜上出现有钙化斑等异常变化。

传染性及寄生虫性因素引起的流产，胎膜及（或）胎儿常有病理变化。例如，因布鲁氏菌病引起流产的胎膜及胎盘上常有棕黄色黏脓性分泌物，胎盘坏死、出血，羊膜水肿并有皮革样的坏死区（图 7–3）；胎儿水肿，胸腹腔内有淡红色的浆液等。上述流产后常发生胎衣不下。具有这些病理变化时，应将胎儿（不要打开，以免污染）、胎膜以及子宫或阴道分泌物送实验室诊断检验，有条件时应对母羊进行血清学检查。症状性流产，则胎膜及胎儿没有明显的病理变化。对于传染性的自发性流产，应将母羊的后躯及所污染的地方彻底消毒，并将母羊隔离饲养。

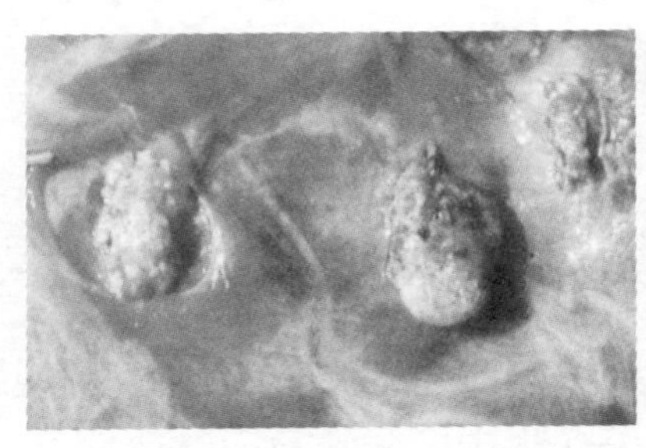
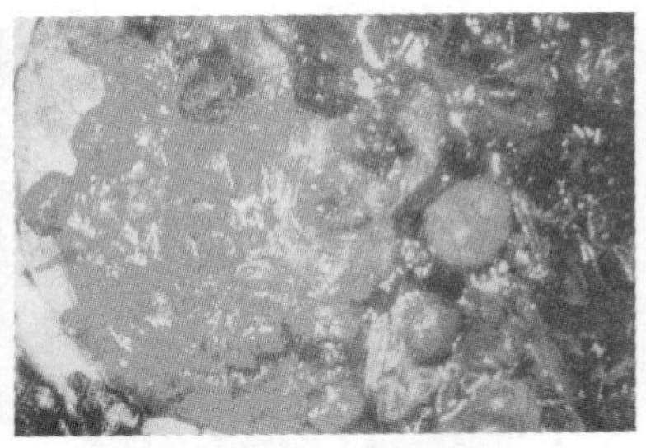

图 7–3　流产羊的胎盘子叶肿胀、出血并有黄色渗出物

3. 预　防

加强饲养管理，增强母羊营养，除去容易造成母羊流产的因素是预防的关键。当发现母羊有流产预兆时，应及时采取制止阵缩及努责的措施，可注射镇静药物，如苯巴比妥、水合氯醛、黄

体酮等进行保胎。用疫苗进行免疫，特别是可引起流产的传染病疫苗。

制定一个生物安全方案，引进的羊群在合群之前，隔离1个月；保持好的身体状况，提供充足的饲料，高质量的维生素、矿物质盐混合物，使羊体储备一些能量和蛋白质，以备紧急情况下使用；在流行地区分娩前4个月和2个月分别免疫衣原体和弧菌病（可能还有其他疾病），如果以前免疫过，免疫1次即可；妊娠期间，可饲喂四环素（200～400毫克/日），将药物混在矿物质混合物中。

避免与牛和猪接触，饲料和饮水不被粪尿污染，不要将饲料放到地上，减少鼠、鸟和猫的数量。发生流产后，立即将胎儿的样品（包括胎盘）送往实验室诊断。将出产的羔羊和买来的母羊与其他羊分开饲养。发生流产后立即做出反应（诊断、处理流产组织，隔离流产母羊，治疗其他羊只），使羊群尽量生活在一个干净，应激少，宽松的环境。

4. 治　疗

首先应确定造成流产的原因以及能否继续妊娠，再根据症状确定治疗方案。

（1）先兆流产　妊娠母羊出现腹痛、起卧不安、呼吸脉搏加快等临床症状，即可能发生流产。处理的原则为安胎，应使用抑制子宫收缩的药物，可采用如下措施：

肌内注射孕酮10～30毫克，每日或隔日1次，连用数次。为防止习惯性流产，也可在妊娠的一定时间使用孕酮。还可注射1%硫酸阿托品注射液1～2毫升。

同时，要给以镇静药，如溴剂等。此时禁止进行阴道检查，以免刺激母羊。

如经上述处理，病情仍未稳定下来，阴道排出物继续增多，起卧不安加剧，应立即进行阴道检查，如子宫颈口已经开放，胎囊已进入阴道或已破水，流产已难避免，应尽快促使子宫排出内

容物，以免死亡胎儿腐败引起母羊子宫内膜炎，影响以后繁殖性能。

如子宫颈口已经开大，可用手将胎儿拉出。流产时，胎儿的位置及姿势往往反常，如胎儿已经死亡，矫正遇有困难，可以做截胎术。如子宫颈口开张不大，手不易伸入。可参考人工引产中所介绍的方法，促使子宫颈开放，并刺激子宫收缩，对于早产胎儿，如有吮乳反射，可尽量加以挽救，帮助吮乳或人工喂奶，并注意保暖。

（2）延期流产 如胎儿发生干尸化，可先用前列腺素及其类似物制剂，前列腺素肌内注射0.5毫克或氯前列烯醇肌内注射0.1毫克；继之或同时应用雌激素，溶解黄体并促使子宫颈扩张。同时，因为产道干涩，应在子宫及产道内涂以润滑剂，以便子宫内容物易于排出。

对于干尸化胎儿，由于胎儿头颈及四肢蜷缩在一起，且子宫颈开放不大，必须用一定力量或预先截胎才能将胎儿取出。

如胎儿浸溶，软组织已基本液化，须尽可能将胎骨逐块取净。分离骨骼有困难时，须根据情况先将其破拆后再取出。操作过程中，术者须防止自己受到感染。

取出干尸化及浸溶胎儿后，因为子宫中留有胎儿的分解组织，必须用消毒液或生理盐水冲洗子宫，并注射子宫收缩药，促使液体排出。对于胎儿浸溶，因为有严重的子宫炎及全身变化，必须在子宫内放入抗生素，并须特别重视全身抗生素治疗，以免造成不育。

（二）难　产

难产的发病原因比较复杂，基本上可以分为普通病因和直接病因两大类。普通病因指通过影响母体或胎儿而使正常的分娩过程受阻。引起难产的普通病因主要包括遗传因素、环境因素、内分泌因素、饲养管理因素、传染性因素及外伤因素等。直接病因指直接影响分娩过程的因素。由于分娩的正常与否主要取决于产力、产道及胎儿3个方面，因此难产按其直接原因可以分为产力性难产、产道性难产及胎儿性难产3类，其中前两类又可合称为母体性难产（图7–4）。

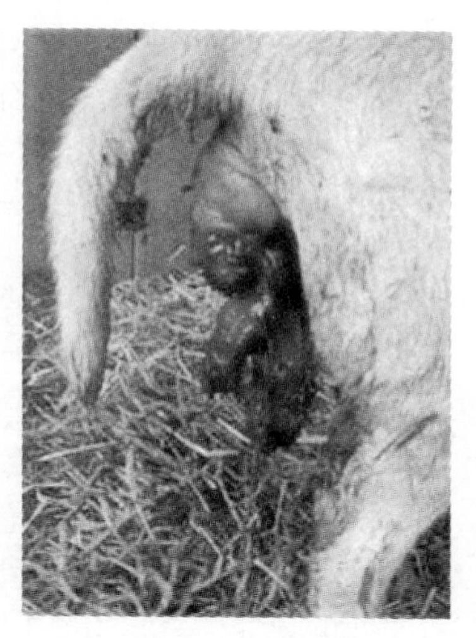

图7–4　难　产

1. 助产的基本原则

在手术助产时，必须遵循以下基本原则：

（1）及早发现，果断处理　当发现难产时，应及早采取助产措施。助产越早，效果越好。难产病例均应做急诊处理，手术助产越早越好，尤其是剖宫产术。

（2）术前检查，拟订方案　术前检查必须周密细致，根据检查结果，结合设备条件，慎重考虑手术方案的每个步骤及相应的保定、麻醉等，通常的保定是使母羊成为前低后高或仰卧（有时）姿势，把胎儿推回子宫内进行矫正，以便利操作。

（3）如果胎膜未破，最好不要弄破胎膜进行助产　如胎儿的姿势、方向、位置复杂时，就需要将胎膜穿破，及时进行助产。在胎膜破裂时间较长，产道变干，就需要注入液状石蜡或其他油类，以利于助产手术的进行。

（4）注意尽量保护母羊生殖道，使其受到最小损伤　将刀子、钩子等尖锐器械带入产道时，必须用手保护好，以免损伤产道。进行手术助产时，所有助产动作都不要过于粗鲁。一般来说，只要不是胎儿过大或母体过度疲乏，仅仅需要将胎儿向内推，矫正反常部分，即可自然产出。如果需要人力拉出，也应缓缓用力，使胎儿的拉出与自然产出一样。同时，重视发挥集体力量。

2. 助产前的准备

（1）术前检查 询问羊分娩的时间，是初产或经产，看胎膜是否破裂，有无羊水流出，检查全身状况。

（2）保定母羊 一般使羊侧卧，保持安静，前躯低、后躯稍高，以便于矫正胎位。

（3）消毒 对手臂、助产用具进行消毒；对阴门外周，用0.5%新洁尔灭溶液进行清洗。

（4）产道检查 注意产道有无水肿、损伤、感染，产道表面干燥和湿润状态。

（5）胎位、胎儿检查 确定胎位是否正常，判断胎儿死活。胎儿正产时，手入阴道可摸到胎儿嘴巴、两前肢、两前肢中间夹着胎儿的头部；当胎儿倒生时，手入产道可触到胎儿尾巴、臀部、后肢及脐动脉（图7–5）。以手指压迫胎儿，如有反应表示胎儿存活。

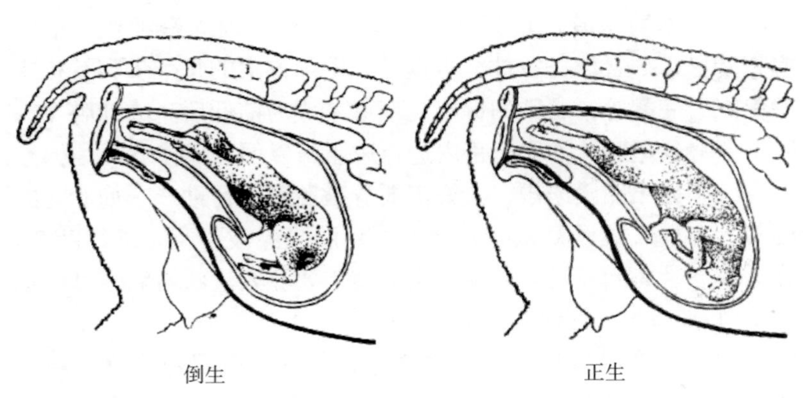

图7–5 羊 胎 位

3. 助产的方法

（1）常见难产部位 有头颈侧弯、头颈下弯、前肢腕关节屈曲、肩关节屈曲、肘关节屈曲、胎儿下位、胎儿横向和胎儿过大等；可按不同的异常产位将其矫正，然后将胎儿拉出产道（图

7–6）。多胎羊只，应注意怀羔数目，在助产中认真检查，直至将全部胎儿产出，方可将母羊归群。

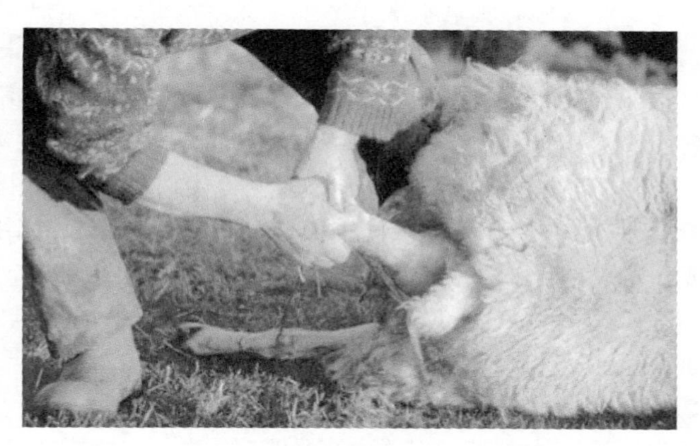

图 7–6　助产

（2）**阵缩及努责微弱的处理**　可皮下注射垂体后叶素、麦角碱注射液 1～2 毫升。必须注意，麦角制剂只限于子宫颈完全开张，胎势、胎位及胎向正常时方可使用，否则易引起子宫破裂。

羊怀双羔时，可遇到双羔同时各将一肢伸出产道，形成交叉。由此形成的难产，应分清情况，可触摸腕关节确定前肢，触摸跗关节确定后肢。确定难产羔羊体位后，可将一只羔羊的肢体推回腹腔，先整顺一只羔羊的肢体，将其拉出产道。随后再将另一只羔羊的肢体整顺拉出。切忌将两只羔羊的不同肢体，误认为同一只羔羊的肢体，施行助产。

（3）**剖宫产**　剖宫产术是在发生难产时，切开腹壁及子宫壁面从切口取出胎儿的手术。子宫颈开张不全或子宫颈闭锁，胎儿不能产出，或骨骼变形，致使骨盆腔狭窄，胎儿不能正常通过产道，在此情况下，可进行剖宫产术，急救胎儿，保护母羊安全。如果母羊全身情况良好，手术及时，则有可能同时救活母羊和胎儿。但在母羊有腹膜炎、子宫炎和子宫内有腐败胎儿，母羊因为

难产时间长久而十分衰竭时，严禁进行剖宫产。

①术前准备　在右肷部手术区域（由髋结节到肋骨弓处）剪毛、剃光，然后用温肥皂水洗净擦干。保定消毒，使羊卧于左侧保定，用碘酊消毒皮肤，然后盖上手术巾，准备施行手术。麻醉，可以采用合并麻醉或电针麻醉。合并麻醉是口服酒精做全身麻醉，同时对术区进行局部麻醉。口服的酒精应稀释成40%，每10千克体重按35～40毫升计算（也可用白酒，用量相同）。局部麻醉是用0.5%普鲁卡因注射液沿切口做浸润麻醉，用量根据需要而定。电针麻醉，取穴百会及六脉。百会穴接阳极，六脉穴接阴极。诱导时间为20～40分钟。针感表现是腰臀肌颤动，肋间肌收缩。

②手术过程

开腹：沿腹内斜肌纤维的方向切开腹壁。切口应距离髋结节10～12厘米。在切开线上的血管用钳夹法和结扎法进行止血。显露腹腔后，术者手经切口伸入腹腔内，探查胎儿的位置及与切口最近的部位，以确定子宫切开的方法。

显露子宫：术者手经切口向骨盆方向入手，找到大网膜的网膜上隐窝，用手拉着网膜及其网膜上隐窝内的肠管，向切口的前方牵引，使网膜及肠管移入切口前方，并用生理盐水纱布隔离，以防网膜和肠管向后移位，此时切口内可充分显露子宫及其子宫内的胎儿。当网膜不能向前方牵引时，可将大网膜切开，再用生理盐水纱布将肠管向前方隔离后，显露子宫。

切开子宫：术者将手伸入腹腔，转动子宫，使孕角的大弯靠近腹壁切口。然后切开子宫角，并用剪刀扩大切口长度。切开子宫角时，应特别注意，不可损伤子叶和分布到子叶的大血管。为了确定子叶的位置，在切开子宫时，要始终用手指伸入子宫来触诊子叶。对于出血很多的大血管，要用肠线缝合或结扎。

吸出胎水：在术部铺一层消毒的手术巾，以钳子夹住胎膜，在上面做一个很小的切口，然后插入橡皮管，通过橡皮管用橡皮

球或大注射器吸出羊水和尿水。

拉出胎儿：待羊水放完后，术者手伸入子宫腔内，抓住胎儿的肢体，缓慢地向子宫切口外拉出，拉出胎儿需术者与助手相互配合好，严防在拉出胎儿时导致子宫壁的撕裂，严防肠管脱出腹腔外。在胎儿从子宫内拉出的瞬间，告诉在场的人员用两手掌压迫右腹部以增大腹内压，以防胎儿拉出后由于腹内压的突然降低而引起脑贫血、虚脱等意外情况的发生。拉出胎儿后，若胎儿还存活，交畜主去护理。术者与助手立即拎起子宫壁切口，剥离胎膜，并尽量将胎膜剥离下来，若胎膜与子宫壁结合紧密不好剥离时，也可不剥离。用生理盐水冲洗子宫壁及子宫腔，除去子宫腔内的血凝块及胎膜碎片，冲洗子宫壁上的污物后，向子宫腔内撒入青霉素和链霉素，进行子宫壁切口的缝合。

对于拉出的胎儿，首先要除去口、鼻内的黏液，擦干皮肤。看到发生几次深吸气以后，再结扎和剪断脐带。假如没有呼吸反射，应该在结扎以前用手指压迫脐带，直到脐带的脉搏停止为止。此法配合按压胸部和摩擦皮肤，通常可以引起吸气。在出现吸气之后，剪断脐带，交给其他助手进行处理。

剥离胎衣：在取出胎儿以后，应进行胎衣剥离。剥离往往需要费很多时间，颇为麻烦。但与胎衣留在子宫内所引起的不良后果相比，还是非常必要而不可省略的操作。

为了便于剥离胎衣，在拉出胎儿的同时，应该静脉注射垂体后叶素或皮下注射麦角碱，如果在子宫腔内注满5%～10%氯化钠溶液，停留1～2分钟，也有利于胎衣的剥离。最后，将注射的液体用橡皮管排出来。

冲洗子宫：剥完胎衣之后，用生理盐水将子宫切口周围充分冲洗干净。如果切口边缘受到损伤，应该切去损伤部，使其成为新伤口。

缝合子宫：第一层用连续康乃尔氏缝合，缝合完毕，用生理盐水冲洗子宫，再转入第二层的连续伦巴特缝合。缝毕，再使

用生理盐水冲洗子宫壁，清理子宫壁与腹壁切口之间的填塞纱布后，将子宫还纳回腹腔内。

缝合腹壁：拉出胎儿后，腹内压减小了，腹壁切口都比较好闭合，若手术中间因瘤胃臌气使腹内压增大闭合切口十分困难时，应通过瘤胃穿刺放气减压或插胃管瘤胃减压后再闭合腹壁切口。第一层对腹膜、腹横肌进行连续缝合，第二层腹直肌连续缝合，第三层结节缝合腹黄筋膜，最后对皮肤及皮下组织进行结节缝合，并做好结系绷带。

③术后护理　肌内注射青霉素，静脉注射5%糖盐水。必要时还应注射强心药。保持术部的清洁，防止感染化脓。经常检查病羊全身状况，必要时应施行适当的对症疗法。如果伤口愈合良好，手术10天以后即可拆除缝合线；为了防止创口裂开，最好先拆一针留一针，3～4天后将其余缝线全部拆除。

④预后　绵羊的预后比山羊好。手术进行越早，预后越好。

（三）胎衣不下

胎儿出生以后，母羊排出胎衣的正常时间，绵羊为3.5（2～6）小时，山羊为2.5（1～5）小时，如果在分娩后超过14小时胎衣仍不排出，即称为胎衣不下。此病在山羊和绵羊都可发生。

1. 病　因

该病多因妊娠母羊饲养管理不当，饲料中缺乏矿物质、维生素，运动不足，体质瘦弱或过度肥胖，羊水过多，怀羔数过多，饮喂失调等，均可造成子宫收缩力量不足，使羔羊胎盘与母体胎盘黏在一起而致发病。此外，子宫炎、胎膜炎，布鲁氏菌病也可引起胎衣不下。发病的直接原因包括2大类。

（1）产后子宫收缩不足　子宫因多胎、胎水过多、胎儿过大以及持续排出胎儿而伸张过度；饲料的质量不好，尤其当饲料中缺乏维生素、钙盐及其他矿物质时，容易使子宫发生弛缓；妊娠期（尤其在妊娠后期）中缺乏运动或运动不足，往往会引起子宫

弛缓，致使胎衣排出很缓慢；分娩时母羊肥胖，可使子宫复旧不全，因而发生胎衣不下；流产和其他能够降低子宫肌肉和全身张力的因素，都能使子宫收缩不足。

（2）胎儿胎盘和母体胎盘发生愈合　患布鲁氏菌病的母羊常因此而发生胎衣不下，其原因是妊娠期子宫内膜发炎，子宫黏膜肿胀，使绒毛固定在凹穴内，即使子宫有足够的收缩力，也不容易让绒毛从凹穴内脱出来；当胎膜发炎时，绒毛也同时肿胀，因而与子宫黏膜紧密粘连，即使子宫收缩，也不容易脱离。

2. 症　状

胎衣可能全部不下，也可能是一部分不下。未脱下的胎衣经常垂吊在阴门之外（图 7–7）。病羊拱背，时常努责，有时努责剧烈，如果胎衣能在 14 小时以内全部排出，多半没有并发症。但若超过 1 天，则胎衣会发生腐败，尤其是天气炎热时腐败更快。从胎衣开始腐败起，即因腐败产物引起中毒，而使羊的精神不振，食欲减少，体温升高，呼吸加快，泌乳量降低或泌乳停止，并从阴门中排出恶臭的分泌物。由于胎衣压迫阴道黏膜，可能使其发生坏死。此病往往并发败血症、破伤风或气肿疽，或者造成子宫或阴道的慢性炎症。如果羊只不死，一般在 5 ～ 10 天内，

图 7–7　羊胎衣不下

全部胎衣发生腐烂而脱落。山羊对胎衣不下的敏感性比绵羊强。

3. 诊　断

病羊常表现弓腰努责，食欲减少或废绝，精神较差，喜卧地，体温升高，呼吸及脉搏增快，胎衣久久滞留不下，可发生腐败，从阴门中流出污红色腐败恶臭的恶露，其中掺杂有灰白色未腐败的胎衣碎片或脉管。当全部胎衣不下时，部分胎衣从阴门中垂露于跗关节部。

胎衣不下的母羊治疗不及时，往往并发子宫内膜炎，子宫颈炎、阴道炎等一系列生殖器官疾病，重者因转为败血症而死亡。产后发情及受胎时间延迟，甚至丧失受胎能力，有的受胎后容易流产，并发瘤胃弛缓，积食及臌胀等疾病。

4. 预　防

该病的预防方法主要是加强妊娠母羊的饲养管理：饲料的配合应不使妊娠母羊过肥为原则，每天必须保证适当的运动。

5. 治　疗

在产后14小时以内，可待胎衣自行脱落。如果超过14小时，必须采取适当措施，因为这时胎衣已开始腐败，假若再滞留在子宫中，可以引起子宫黏膜的严重发炎，导致暂时的或永久的不受胎，有时甚至引起败血症。病羊分娩后不超过24小时的，可应用垂体后叶素注射液、缩宫素注射液或麦角碱注射液0.8～1毫升，一次肌内注射。超过24小时的，应尽早采用以下方法进行治疗，绝不可强拉胎衣，以免扯断而将胎衣留在子宫内。

（1）手术剥离胎衣　先用消毒液洗净外阴部和胎衣，再用鞣酸酒精溶液冲洗和消毒术者手臂，并涂以消毒软膏，以免将病原菌带入子宫。如果手上有小伤口或擦伤，必须预先涂擦碘酊，贴上胶布。用一只手握住胎衣，另一只手送入橡皮管，将0.1%高锰酸钾温溶液注入子宫。手伸入子宫，将绒毛膜从母体子叶上剥离下来。剥离时，由近及远。先用中指和拇指捏挤子叶的蒂，然后设法剥离盖在子叶上的胎膜。为了便于剥离，事先可用手指捏

挤子叶。剥离时应当小心，因为子叶受到损伤时可以引起大量出血，并为微生物的进入开放门户，容易造成严重的全身症状。

（2）皮下注射缩宫素　羊的阴门和阴道较小，只有手小的人才能进行胎衣剥离。如果将手勉强伸入子宫，不但不易进行剥离操作，反而有损伤产道的危险，故当手难以伸入时，只有皮下注射缩宫素 1～3 单位（注射 1～3 次，间隔 8～12 小时）。如果配合用温的生理盐水冲洗子宫，收效更好。为了排出子宫中的液体，可以将羊的前肢提起。

（3）及时治疗败血症　如果胎衣长久停留，往往会发生严重的产后败血症。其特征是体温升高，食欲消失，反刍停止。脉搏细而快、呼吸快而浅；皮肤冰凉（尤其是耳朵、乳房和角根处）。喜卧下，对周围环境十分淡漠；从阴门流出污褐色恶臭的液体。遇到这种情况时，应该及早进行治疗。

①肌内注射抗生素。青霉素 40 万单位，每 6～8 小时 1 次，链霉素 1 克，每 12 小时 1 次。

②静脉注射四环素。将四环素 50 万单位，加入 5%葡萄糖注射液 100 毫升中注射，每天 2 次。

③用 1%食盐水冲洗子宫，排出盐水后注入子宫青霉素 40 万单位，链霉素 1 克，每天 1 次，直至痊愈。

④ 10%～25%葡萄糖注射液 300 毫升，40%乌洛托品注射液 10 毫升，静脉注射，每天 1～2 次，直至痊愈。

⑤中药可用当归 9 克，白术 6 克，益母草 9 克，桃仁 3 克，红花 6 克，川芎 3 克，陈皮 3 克，共研细末，开水冲调，候温灌服。

结合临床表现，及时进行对症治疗，如给予健胃药、缓泻药、强心药等。

（四）生产瘫痪

生产瘫痪又称乳热症或低钙血症，是急性而严重的神经疾病。其特征为咽、舌、肠道和四肢发生瘫痪，失去知觉。此病主要见于成年母羊，发生于产前或产后数日内，偶尔见于妊娠的其他时期。山羊和绵羊均可患病，但以山羊比较多见。尤其在2～4胎的某些高产奶山羊，几乎每次分娩以后都重复发病。

1. 病　因

舍饲、产奶量高及妊娠末期营养良好的羊只，如果饲料营养过于丰富，都可成为发病的诱因。由于血糖和血钙降低，以致调节过程不能适应，变为低钙状态，而引起发病。

2. 症　状

最初症状通常出现于分娩之后，少数的病例，见于妊娠末期和分娩过程。病羊表现为衰弱无力。病初精神抑郁，食量减少，反刍停止，后肢软弱，步态不稳，甚至摇摆。有的绵羊弯背低头，蹒跚走动。由于发生战栗和不能安静休息，呼吸常见加快。这些初期症状维持的时间通常很短，管理人员往往注意不到。此后羊站立不稳，在企图走动时跌倒。有的羊倒后起立很困难。有的不能起立，头向前直伸，不吃，停止排粪和排尿（图7–8）。皮肤对针刺的反应很弱。

图7–8　羊生产瘫痪

少数羊知觉完全丧失，发生极明显的麻痹症状；张口伸舌，咽喉麻痹。针刺皮肤无反应。脉搏先慢而弱，以后变快，勉强可

以摸到；呼吸深而慢；病的后期常常用嘴呼吸，唾液随着呼气吹出，或从鼻孔流出食物。病羊常呈侧卧姿势，四肢伸直，头弯于胸部，体温逐渐下降，有时降至36℃；皮肤、耳朵和角根冰凉，很像濒死状态。

有些病羊往往死于没有明显症状的情况下，如有的绵羊在晚上表现健康，而翌晨却见死亡。

3. 诊　断

精确的诊断方法是分析血液样品。但由于产程很短，必须根据临床症状的观察进行诊断。乳房通风及注射钙剂效果显著，亦可作为本病的诊断依据。

4. 预　防

（1）**喂给富含矿物质的饲料**　单纯饲喂富含钙质的混合精饲料，似乎没有预防效果，假若同时给予维生素D，则效果较好。

（2）**产前应保持适当运动**　但不可运动过度，因为过度疲劳反而容易引起发病。

（3）**药物预防**　对于习惯性发病的羊，于分娩之后，及早应用下列药物进行预防注射：5%氯化钙注射液40～60毫升，25%葡萄糖注射液80～100毫升，10%安钠咖注射液5毫升混合，一次静脉注射。

5. 治　疗

（1）**药物治疗**　静脉或肌内注射10%葡萄糖酸钙注射液50～100毫升，或者应用下列处方：5%氯化钙注射液60～80毫升，10%葡萄糖注射液120～140毫升，10%安钠咖注射液5毫升混合，一次静脉注射。

（2）**乳房送风法**　利用乳房送风器送风。没有乳房送风器时，可以用打气筒代替。送风步骤如下：①使羊稍呈仰卧姿势，挤出少量的乳汁。②用酒精棉球擦净乳头，尤其是乳头孔。然后将煮沸消毒过的导管插入乳头中，通过导管打入空气，直到乳房中充满空气为止。用手指叩击乳房皮肤时有鼓响音时，为充满空

气的标志。在乳房的两半中都要注入空气。③为了避免送入的空气外逸，在取出导管时，应用手指捏紧乳头，并用纱布绷带轻轻地扎住每一个乳头的基部。经过 25～30 分钟将绷带取掉。④将空气注入乳房各叶以后，小心按摩乳房数分钟。然后使羊四肢蜷曲伏卧，并用草束摩擦臀部、腰部和胸部，最后盖上麻袋或布块保温。⑤注入空气以后，可根据情况考虑注射 50% 葡萄糖注射液 100 毫升。⑥如果注入空气后 6 小时情况并不改善，应重复做乳房送风。

（五）卵巢囊肿

卵巢囊肿是指卵巢上有卵泡状结构，存在的时间在 10 天以上，同时卵巢上无正常黄体结构的一种病理状态。这种疾病一般又分为卵泡囊肿和黄体囊肿 2 种。

1. 症　状

羊发生卵巢囊肿的症状按外部表现可分为慕雄狂和乏情 2 类。慕雄狂母羊，一般经常表现无规律的、长时间或连续性的发情症状，表现不安；乏情的羊表现则为长时间不出现发情现象，有时可长达数月，因此常被误认为是已妊娠。有些羊在表现一、二次正常的发情后转为乏情；有些则在病的初期乏情，后期表现为慕雄狂；也有些患卵巢囊肿的羊先表现慕雄狂的症状，而后转为乏情。

2. 治　疗

卵巢囊肿的治疗方法种类繁多，其中大多数是通过直接促使黄体退化而使母羊恢复发情周期。但应注意，此病是可以自愈的，具有促黄体素生物活性的各种激素制剂已被广泛用于治疗卵巢囊肿。

（1）加强饲养管理　改变日粮结构，饲料中补充维生素 A。

（2）激素疗法　①肌内或皮下注射绒毛膜促性腺激素或促黄体素 500～1 000 单位；②注射促排卵 3 号（LRH-A_3）4～6 毫

克，促使卵泡囊肿黄体化。然后皮下或肌内注射前列腺素溶解黄体，即可恢复发情周期；③肌内注射孕酮 5～10 毫克，每天 1 次，连用 5～7 天，效果良好。孕酮的作用除了能抑制发情外，还可以通过负反馈作用抑制丘脑下部促性腺激素释放激素的分泌，内源性地使性兴奋及慕雄狂症状消失；④可用前列腺素及其类似物进行治疗，促进黄体尽快萎缩消退，从而诱导发情；⑤人工诱导泌乳，此法对乳用山羊是一种最为经济的办法。

（六）子宫内膜炎

羊子宫内膜炎主要是由某些病原微生物感染而发生，可能成为显著的流行病。

1. 病　因

造成羊子宫内膜炎的主要原因是繁殖管理不当，常见的原因如下。

①配种时消毒不严，基层配种站和个体种羊户，在本交配种时对种公羊的阴茎和母羊外阴部不清洗、不消毒或清洗消毒不严；人工授精时对所用器械消毒不严格，或用同一支输精管，不经消毒而给多头母羊输精。

②分娩时造成子宫阴道黏膜损伤和感染，农村母羊产羔多无产房，又无清洗母羊后躯的习惯，加上一些助产人员接产时不注意清洗消毒手臂和工具，母羊分娩时阴道外露受到污染，或将粪渣、草屑、灰尘黏附于阴道壁上，分娩后阴道内收，将污物带进体内，有时甚至子宫外翻受污，也不进行清洗消毒，致使子宫、阴道受到感染。

③人工授精技术不熟练，在对母羊进行人工授精时，技术人员操作不熟练、操作时间过长，刺伤母羊的子宫颈，造成大面积的子宫颈炎和子宫颈糜烂，继而引发子宫内膜炎。

④对患有子宫、阴道疾病的母羊，不经过检查，即让健康种公羊与其交配，后让这只公羊与其他健康母羊交配，造成生殖道

疾病的进一步散播。

⑤流产、胎死腹中腐败，阴道或子宫脱出，胎衣不下，子宫损伤，子宫复旧不全及子宫颈炎，未能及时治疗和处理，因而继发和并发子宫、阴道疾病。

⑥饮用污水感染　常给母羊饮用池塘、污水坑等污染的水。

⑦冲洗子宫时使用的消毒性或腐蚀性药液浓度过大，使阴道及子宫黏膜受到损伤。

⑧某些传染病如布鲁氏菌病、寄生虫病也可引起子宫疾病。

2. 症　状

根据症状可将子宫内膜炎分为急性子宫内膜炎、慢性卡他性子宫内膜炎、慢性卡他性脓性子宫内膜炎、慢性脓性子宫内膜炎、慢性隐性子宫内膜炎、子宫积液和子宫蓄脓。

（1）急性子宫内膜炎　急性子宫内膜炎多因羊分娩过程中，接产人员手臂、助产器具和母羊外阴部未进行消毒或消毒不严格而被细菌感染，尤其在难产、子宫或阴道脱出、胎衣不下时发生较多。母羊全身症状表现不明显，有时体温稍有升高，食欲减退，拱背努责，常做排尿姿势。产后几日内不断从阴门排出大量白色、灰白色、黄色或茶褐色的恶臭脓液。如胎衣滞留或子宫内有腐败时，常排出带脓血、腐臭味的巧克力色分泌物。当母羊卧下时排出更多，常在其尾根及后肢关节处结痂。阴道检查时有疼痛感。

（2）慢性卡他性子宫内膜炎　母羊患慢性卡他性子宫内膜炎时，子宫黏膜松软增厚，一般无全身症状，发情周期正常，但屡配不孕。阴道检查时，子宫颈口开张，子宫颈黏膜松弛、充血；阴道黏膜充血或无变化；由阴道流出白色、灰白色或浅黄色的黏稠渗出物，发情时阴道流出的渗出液明显增多，且较稀薄不透明；输精或阴道检查时，可经输精管或开膣器流出大量稀薄的黏液。

（3）慢性卡他脓性子宫内膜炎　临床较为多见，其症状与慢性卡他性子宫内膜炎相似，子宫黏膜肿胀，剧烈充血和瘀血，有

脓性浸润，上皮组织变性、坏死、脱落，有时子宫黏膜有成片肉芽组织瘢痕，可能形成囊肿。病羊出现全身症状，精神不振，体温升高，食欲减退，逐渐消瘦。阴道检查时，可发现阴道及子宫颈部充血、肿胀，黏膜上有脓性分泌物。

（4）慢性脓性子宫内膜炎　经常由阴道排出灰白色、黄白色或褐色浑浊黏稠的脓液，带有腥臭气味，发情时排出更多。尾根、阴门周围及后腿内侧被污染处，长时间后变成灰黄色发亮的脓痂。发情周期紊乱。夏、秋季常有苍蝇随患病羊飞行或爬在阴门、尾巴上。多数母羊出观体温升高、食欲减退、逐渐消瘦等全身症状。

（5）慢性隐性子宫内膜炎　子宫本身不发生形态学上的变化，平时很难从外部发现其任何症状，一般也无病理变化。发情周期正常，但屡配不孕。取阴道深部分泌物，用广范试纸进行试验，如精液浸湿的试纸 pH 值在 7 以下，怀疑为隐性子宫内膜炎。慢性隐性子宫内膜炎虽无明显的临床症状，但在子宫内膜炎中占比例相当高，因其无明显症状，常不被人注意。

（6）子宫积液　子宫积液是因为变性的子宫腺体分泌功能增强，分泌物增多；同时，子宫颈粘连或肿胀，使子宫颈受到堵塞，使子宫内的液体不能排出。有时是因每次发情时，分泌物不能及时排出，逐渐积聚起来而形成的；也有的是因子宫弛缓，收缩无力，发情时分泌的黏液潴留而造成的。病羊往往表现不发情，当子宫颈末完全阻塞时，会从阴道不定时排出稀薄的棕黄色或蛋白样分泌物。如子宫颈口完全阻塞，则见不到分泌物外流。

（7）子宫蓄脓　当患有慢性脓性子宫内膜炎时，子宫黏膜肿胀，子宫颈管闭塞，或子宫颈粘连而形成隔膜，脓液不能排出而在子宫内蓄留，于是就形成了子宫蓄脓。母羊停止发情，举尾，不断弓腰努责。阴道检查时，可发现阴道和子宫颈阴道部黏膜充血肿胀。

3. 预　防

子宫内膜炎的预防应从饲养管理着手，进行全面的预防。

①加强饲养管理，防止发生流产、难产、胎衣不下和子宫脱出等疾病。

②预防和扑灭引起流产的传染性疾病。

③加强产羔季节接产、助产过程的卫生消毒工作，防止子宫受到感染。

④抓紧治疗子宫脱出、胎衣不下及阴道炎等疾病。

4. 治　疗

严格隔离病羊，不可与分娩的羊同群饲喂；加强护理，保持羊舍的温暖清洁，饲喂富有营养而带有轻泻性的饲料，经常供给清水。

及时治疗急性子宫内膜炎，全身注射青霉素或链霉素，防止转为慢性；冲洗或灌注子宫，可用0.1%高锰酸钾溶液、1%～2%碳酸氢钠溶液、1%盐水100～200毫升冲洗子宫，每日1次或隔日1次。子宫内有较多分泌物时，盐水浓度可提高至3%。促进炎性产物的排出，防止吸收中毒。并可刺激子宫内膜产生前列腺素，有利于子宫功能的恢复。如果子宫颈口关闭很紧，不能冲洗，可给子宫颈涂以2%碘酊，使其松弛。冲洗后灌注青霉素40万单位。子宫内给予抗菌药，选用广谱药物，如四环素、庆大霉素、卡那霉素、金霉素、诺氟沙星、氟苯尼考等。可将抗菌药物0.5～1克用少量生理盐水溶解，做成溶液或混悬液，用导管注入子宫，每天2次。激素疗法，可用前列腺素类似物，促进炎症产物的排出和子宫功能的恢复。在子宫内有积液时，可注射雌二醇2～4毫克，4～6小时后注射缩宫素10～20单位，促进炎症产物排出，配合应用抗生素治疗可收到较好的疗效。生物疗法（生物防治疗法），用人阴道中的窦得来因氏杆菌治疗母牛子宫内膜炎取得成功，对羊的子宫内膜炎同样可以应用。

中药疗法：

处方一：当归、红花、金银花各30克，益母草、淫羊藿各45克，苦参、黄芩各30克，三棱、莪术各30克，斑蝥7个，

青皮30克。水煎灌服，每日1剂。轻者连用3～5剂，重者5～7剂。适用于膘情较好的母羊的各种子宫内膜炎。

处方二：土白术60克，苍术50克，山药60克，陈皮30克，酒车前子25克，荆芥炭25克，酒白芍30克，党参60克，柴胡25克，甘草20克。黄油250毫升为引；水煎服，每日1剂，连用2～3剂。

加减：湿热型去党参，加忍冬藤80克，蒲公英60克，椿树根皮60克；寒湿型加白芷30克，艾叶20克，附子30克，肉桂25克；白带日久兼有肾虚者去柴胡、车前子，加韭菜子20克，海螵蛸40克，覆盆子50克及菟丝子50克。

急慢性阴道炎、子宫颈炎和急慢性卡他性子宫内膜炎可用此方。

处方三：当归60克，赤芍40克，香附40克，益母草60克，丹参40克，桃仁40克，青皮30克。水煎灌服。每日1剂，连用2～3剂。

加减：肾虚者加桑寄生40克，川续断40克，或加狗脊40克，杜仲30克；白带多者加茯苓40克，海螵蛸40克，或加车前子30克，白芷25克；卵巢有囊肿或黄体者加三棱25克，莪术25克；有寒证者加小茴香30克，乌药40克；体质弱者加党参60克，黄芩60克。

慢性卡他性脓性和慢性脓性子宫内膜炎可用此方。

处方四：当归40克，川芎30克，白芍30克，熟地黄30克，红花40克，桃仁30克，苍术40克，茯苓40克，延胡索30克，白术40克，甘草20克。水煎服，每日1剂，连用1～2剂。

慢性子宫内膜炎已基本治愈，但子宫冲洗导出液中仍含有点状或细丝状物时可用此方。

（七）绵羊妊娠毒血症

绵羊妊娠毒血症是妊娠末期母羊由于碳水化合物和挥发性脂

肪酸代谢障碍而发生的亚急性代谢病，以低血糖、酮血症、酮尿症、虚弱和失明为主要特征，主要发生于怀双羔或三羔的羊。在5～6岁的绵羊比较多见，主要临床表现为精神沉郁，食欲减退，运动失调、呆滞凝视、卧地不起，甚至昏迷、死亡等症状，给养羊户造成一定经济损失，该病主要发生于妊娠最后1个月，分娩前10～20天多发，发病后1天内即可死亡，死亡率可达70%～100%（图7–9）。

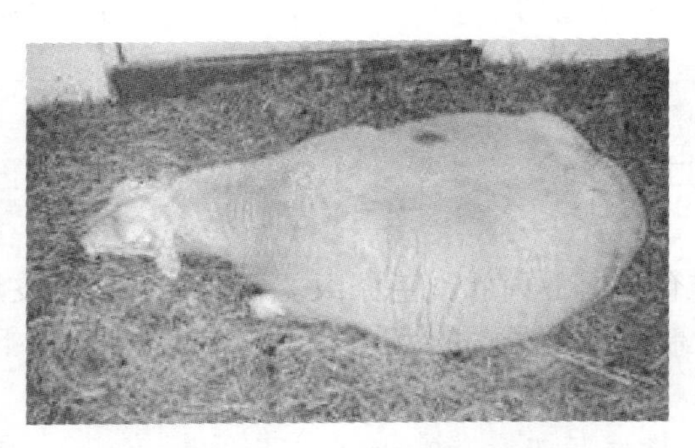

图7–9　绵羊妊娠毒血症

1. 病　因

多种情况均能引起此病的发生。

（1）**营养**　营养不足的羊患病的占多数。营养丰富的羊也可以患病，但一般在症状出现以前，体重有减轻现象，胎儿消耗大量营养物质，不能按比例增加营养。饲养管理不善，造成饲料单一，维生素及矿物质缺乏。冬草贮备不足，母羊因饥饿而造成身体消瘦。妊娠母羊因患其他疾病，食欲废绝。由于喂给精饲料过多，特别是在缺乏粗饲料的情况下饲喂给含蛋白质和脂肪过多的精饲料时，更容易发病。

（2）**环境**　气温过低，母羊免疫力下降，舍饲多而运动不足等原因都可以导致该病发生。经常发生于小群绵羊，草原上放牧的大群羊一般不发病。

2. 症　状

由于血糖降低，表现脑抑制状态，很像生产瘫痪的症状。病初羊离群孤立，当放牧或运动时常落于群后。表现为食欲减退，不喜走动，精神不振，离群呆立或卧地不起，呼出气体有丙酮味。出现神经症状，特别迟钝或易于兴奋。

3. 病理变化

尸体非常消瘦，剖检时没有显著变化。病死的母羊，子宫内常有数个胎儿，肾脏灰白而软。主要变化为肝、肾及肾上腺脂肪变性。心脏扩张，肝脏高度肿大，边缘钝，质脆，由于脂肪浸润的肝脏常变厚而呈土黄色或柠檬黄色，切面稍外翻，胆囊肿大，充积胆汁，胆汁为黄绿色水样。肾脏肿大，包膜极易剥离，切面外翻，皮质部为棕土黄色，布满小红点（为扩张之肾小体），髓质部为棕红色，有放射状红色条纹。肾上腺肿大，皮质部质脆，呈土黄色，髓质部为紫红色。

4. 诊　断

首先应了解绵羊的饲养管理条件及是否妊娠，再根据特殊的临床症状和剖检变化做出初步诊断。根据实验室检查血、尿、奶中的酮体、丙酮酸、血糖和血蛋白结果来确诊。

实验室检查时，血、尿、奶中的酮体和丙酮酸增高，以及血糖和血蛋白降低。血中酮体增高至7.25～8.7毫摩/升或更高（高酮血症）；血糖降低到1.74～2.75毫摩/升（低血糖症），而正常值为3.36～5.04毫摩/升。病羊血液蛋白水平下降到4.65克/升（血蛋白过少症）。呼出的气体有一种带甜的氯仿气味，当把其新鲜奶或尿加热到蒸汽形成时，氯仿气味更为明显。

5. 预　防

加强饲养管理，合理地配合日粮，尽量防止日粮成分的突然变化。在妊娠的前2～3个月内，不要让其体重增加太多。2～3个月以后，可逐渐增加营养。直到产羔以前，都应保持良好的饲养条件。如果没有青贮饲料和放牧地，应尽量争取喂给豆科干草。在妊娠的最后 1～2 个月，应喂给精饲料。喂量根据体况而定，从产前 2 个月开始，每天喂给 100～150 克，以后逐渐增加，到分娩之前达到 0.5～1 千克 / 天。肥羊应该减少喂料。

在妊娠期内不要突然改变饲养习惯。饲养必须有规律，尤其是在妊娠后期，当天气突然变化时更要注意。一定要保证运动。每日应进行放牧或运动 2 小时左右，至少应强迫行走 250 米左右。当羊群中已出现发病情况时，应给妊娠母羊普遍补喂多汁饲料、小米米汤、糖浆及多纤维的粗草，并供给足量饮水。必要时还可加喂少量葡萄糖。

6. 治　疗

绵羊妊娠毒血症发病较急，征兆不明显，死亡率高，冬、春季节母羊分娩时期是该病的高发期，该病发病原因复杂，治疗效果不佳，无特效药，建议养殖期间，加强饲养管理，增强营养，平衡营养水平，使用暖圈饲养技术，以提高母体的免疫力。

（1）**给予饲养性治疗**　停喂富含蛋白质及脂肪的精饲料，增加碳水化合物饲料，如青草、块根及优质干草等。

（2）**加强运动**　对于肥胖的母羊，在病的初期做驱赶运动，使身体变瘦，可以见效。

（3）**大量供糖**　给饮水中加入蔗糖、葡萄糖或糖浆，每日重复饮用，连给 4～5 天，可使羊逐渐恢复健康。水中加糖的浓度可按 20%～30%计算。

为了见效快，可以静脉注射 20%～50%葡萄糖注射液，每日 2 次，每次 80～100 毫升。只要肝、肾没有发生严重的结构变化，用高糖疗法都是有效的。

（4）**克服酸中毒**　可以给予碳酸氢钠，口服、灌肠或静脉注射。

（5）**服用甘油**　根据体重不同，每次用 20～30 毫升，直到痊愈为止。一般服用 1～2 次就可获得显著效果。

（6）**注射可的松或促皮质素**　剂量及用法如下：醋酸可的

松或氢化可的松为10～20毫克。前者肌内注射，后者静脉注射（用前混入25倍的5%葡萄糖注射液或生理盐水中）。也可肌内注射促皮质素40单位。

（7）**人工流产**　妊娠末期的病例，分娩以后往往可以自然恢复健康，故人工流产同样有效。方法是用开膣器打开阴道，给子宫颈口或阴道前部放置纱布块，也可施行剖宫产术。

（八）公羊睾丸炎

主要是由损伤和感染引起的各种急性和慢性睾丸炎症。

1. 病　因

（1）**由损伤引起感染**　常见损伤为打击、啃咬、蹴踢、尖锐硬物刺伤和撕裂伤等，继之由葡萄球菌、链球菌和化脓棒状杆菌等引起感染，多见于一侧，外伤引起的睾丸炎常并发睾丸周围炎。

（2）**血行感染**　某些全身感染如布鲁氏菌病、结核病、放线菌病、鼻疽、腺疫、沙门氏菌病、乙型脑炎等可通过血行感染引起睾丸炎症。另外，衣原体、支原体、脲原体和某些疱疹病毒也可以经血流引起睾丸感染。在布鲁氏菌病流行地区，布鲁氏菌感染可能是睾丸炎最主要的原因。

（3）**炎症蔓延**　睾丸附近组织或鞘膜炎症蔓延；副性腺细菌感染沿输精管道蔓延均可引起睾丸炎症。附睾和睾丸紧密相连，常同时感染和互相继发感染。

2. 症　状

（1）**急性睾丸炎**　睾丸肿大、发热、疼痛；阴囊发亮（图7-10）；公羊站立时拱背、后肢广踏、步态强拘，拒绝爬跨；触诊可发现睾丸紧张、鞘膜腔内有积液、精索变粗，有压痛。病情严重者体温升高、呼吸浅表、脉频、精神沉郁、食欲减少。并发化脓感染者，局部和全身症状加剧。在个别病例，脓汁可沿鞘膜管上行入腹腔，引起弥漫性化脓性腹膜炎。

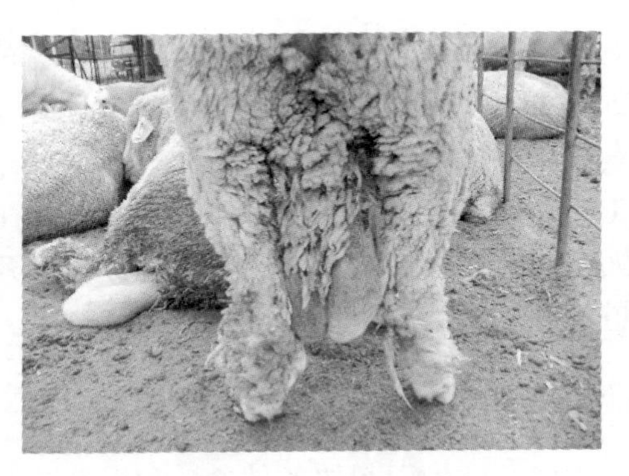

图 7-10　公羊睾丸炎

（2）**慢性睾丸炎**　睾丸不表现明显热痛症状，睾丸组织纤维变性、弹性消失、硬化、变小，产生精子的能力逐渐降低或消失。

3. 预　防

（1）**加强饲养管理**　建立合理的饲养管理制度　使公羊营养适当，不要交配过度，尤其要保证足够的运动。

（2）**严格检疫**　对布鲁氏菌病定期检疫，并采取检疫规定的相应措施。

4. 治疗和预后

对患有急性睾丸炎的病羊应停止使用，安静休息；早期（24小时内）可冷敷，后期可温敷，加强血液循环使炎症渗出物消散；局部涂搽鱼石脂软膏、复方醋酸铅散；阴囊可用绷带吊起；全身使用抗生素药物；局部可在精索区注射盐酸普鲁卡因青霉素注射液（2%盐酸普鲁卡因注射液 20 毫升，青霉素 80 万单位），隔日注射 1 次。

无种用价值者可去势。单侧睾丸感染而欲保留作种用者，可考虑尽早将患侧睾丸摘除；已形成脓肿摘除有困难者，可从阴囊底部切开排脓。

由传染病引起的睾丸炎，应首先考虑治疗原发病。

睾丸炎预后，视炎症严重程度和病程长短而定。急性炎症病例由于高温和压力的影响可使生精上皮变性，长期炎症可使生精上皮的变性不可逆转，睾丸实质可能坏死、化脓。转为慢性经过者，睾丸常呈纤维变性、萎缩、硬化，生育力降低或丧失。

附　录

附录一　山羊冷冻精液标准和规程

（一）要　求

种公羊应具有种用价值，体质健康，无遗传病，不允许有已发布的动物防疫法中所明确的二类疫病中的任何一种疾病。

新鲜精液色泽乳白色或淡黄色。精子活力≥65%，精子密度≥6亿个/毫升，精子畸形率≤15%。

冻精外观：细管无裂痕，两端封口严密，印制的标志清晰。颗粒大小均匀，表面光滑。

冻精解冻后每剂量中精子活力≥30%，前进运动精子数≥0.3亿个，精子畸形率≤20%，细菌数≤800个。

（二）标志、包装、运输、贮存

1. 标志：种公羊的品种可用代号。代号为该品种第第二个汉字的汉语拼音大写字母。示例：波尔山羊的品种代号为“BE”。

2. 内容：细管冻精应在管壁（或包装袋）上印制以下内容并且印制标志要清楚。生产站名；公羊品种；公羊号；生产日期。

3. 细管冻精用专用塑料袋25支包装，颗粒冻精用灭菌纱布袋，每一包装量颗粒不得超过100粒。

4. 冻精运输过程中应有专人负责，贮存容器不得横倒、碰撞和强烈振动，保证冻精始终浸在液氮中。

5. 贮存冻精的低温容器应符合GB/T 5458规定；专人负责及时补充液氮，冻精应浸在液氮中；每只公羊的冻精应分别存放。

附录二　羊人工授精技术规程

羊人工授精技术在提高优秀种公羊的利用率、增加配种母羊数量、最大化发挥优秀种公羊的遗传潜力、加速杂交改良、加快育种进程，防止疾病传播特别是生殖道疾病的传播等方面有着重要意义。

1　种公羊的选择、调教及饲养管理

种公羊是否合格以及能否顺利适应采精技术要求，是人工授精工作开展的基础。

1.1　种公羊的选择：符合种用标准，品种特征明显，体质结实，结构匀称；生殖器官发育正常，性欲旺盛，精液品质良好；饲养管理正常，膘情适中。种公羊的等级应高于母羊的等级。

1.2　种公羊的调教：种公羊采精前性准备充分与否直接影响着精液的数量和质量。因此，在采精前均应以不同的诱情方法使公羊有充分的性欲和性兴奋，如榜样示范法、涂抹法、注射雄激素等。实践经验表明，采取 5 步训练的方式对种公羊的调教较为有效。

①人与羊亲和力的建立过程：该过程是指采精人员通过日常饲喂、饮水、驱赶种公羊运动等方式逐渐与种公羊相互熟悉和信赖，并以此了解种公羊的习性。

②本交条件反射的建立过程：主要目的是使种公羊首先要能够完成自然交配，为以后的采精工作打下基础。

③人为干扰，反复刺激性欲的过程：在自然交配完成的基础上，采精人员干扰种公羊的交配活动，使其不能顺利达到目的，以激发、强化性反射。

④假设条件的认同过程：利用发情母羊的气味刺激，采精人

员使用假阴道反复进行采精训练，使其能够在假阴道内排精。

⑤最终条件反射的形成过程：通过上述4个过程的多次训练，最终达到种公羊在固定时间、固定地点，不受母羊发情与否的限制，顺利完成采精工作。

1.3 种公羊的饲养管理：为了使种公羊有旺盛的精力及保持精液质量，必须每日驱赶种公羊运动5小时以上。其精饲料日喂量为专用种公羊精饲料2千克左右，另外补饲鸡蛋2个、胡萝卜0.25～0.5千克，优质干草2千克，自由饮水，舔食盐砖。

2 采精的准备

2.1 器械、药品的消毒：金属、玻璃器械清洗干净后放入干燥箱中高温消毒，无条件的地区也可用压力锅高温消毒；假阴道内胎等橡胶制品清洁干净后要求用75%酒精棉球消毒后备用；人工授精所用药品可用水煮沸消毒。

2.2 假阴道的准备：假阴道由硬橡胶外壳和软橡皮内胎安装而成。假阴道的准备工作分3个阶段：先把假阴道内胎放到外壳里边，把多余部分反转套在外壳上，要求松紧适当、匀称平整，不起皱褶或扭转；采精前从假阴道外壳上的注水孔注入45～50℃的温水，水量为外壳与内胎容量的1/3～1/2，然后关闭活塞；用消毒后的玻璃棒蘸取少许经消毒的凡士林，在假阴道装集精杯的对侧内胎上涂抹一薄层，深度为1/3～1/2。

2.3 检温与吹气加压：假阴道内胎温度以38～40℃为宜，合格后向夹层内注入空气，使涂抹凡士林一端的内胎壁黏合，口部呈三角形。

3 采精技术

3.1 采精：采精人员右手握假阴道后端，蹲于公羊右后侧，让假阴道靠近台羊的臀部，假阴道与地面保持35°～40°，在公羊爬跨的同时迅速将公羊的阴茎用左手导入假阴道内，待公羊后躯急速向前用力一冲后，顺公羊动作向下后移假阴道，集精杯一端向下迅速将假阴道竖起。打开气嘴放出空气，取下集精杯，盖好盖子待检。

3.2 精液品质的检查：一般绵羊射精量为0.8～1.2毫升，山羊射精量为0.5～1.5毫升。正常羊精液呈乳白色或乳黄色，若精液颜色异常，表明公羊生殖器官有疾病，应当弃用并查找原因。羊精液一般无味或略带动物本身的固有气味，否则表明不正常；羊正常精液因密度大而浑浊不透明，肉眼观察可见，由于精子运动而呈云雾状翻滚。

3.3 显微镜检查原精活力：要求直线运动精子数达到65%以上才能用于输精；精子密度分为密、中、稀3个等级，以确定精子的稀释倍数；精子畸形率不应超过20%。

3.4 精液的稀释：1毫升羊精液中约有25亿个精子，但每次只需输入3000万～5000万个精子就可使母羊受精，稀释后不仅可以扩大精液量，增加可配母羊只数，而且可以供给精子所需营养，为精子生存创造良好的环境，从而延长精子存活时间，便于精液的保存和运输。

3.5 常用配方：100毫升蒸馏水＋3克无水葡萄糖＋1.4克柠檬酸钠＋20毫升新鲜卵黄＋100万国际单位青霉素。也可用生理盐水稀释。

根据原精密度确定稀释比例，如果用带营养液的配方，一般可以稀释到6～15倍，而采用生理盐水最大比例为1倍稀释。

3.6 精液的保存和运输：常温保存一般不超过24小时输精为宜，如需较远运输或异地输精，根据气温变化，建议在温度10℃左右保存。容器可采用已消毒且带棉塞的试管，并标明公羊的品种、年龄、稀释倍数、稀释液的种类等。

4 输精技术

4.1 输精前的准备：将发情母羊的后躯放在输精架上或由助手倒提母羊后肢保定，并将母羊外阴用消毒液消毒后再用温水擦干。

4.2 器械的准备：开膣器、输精枪等一般以每只母羊1支

为宜，不具备条件的地区应当每输完 1 次精后用生理盐水清洗干净，以备重复使用。

4.3　精液的准备：用于输精的精液，必须符合输精所要求的输精量、精子活力及有效精子数等。

4.4　输精的要求

4.4.1　输精时间：母羊的最佳输精时间一般在发情后 10～36 小时。在生产中为保证受胎率采用二次输精法，即发现发情后间隔 8～12 小时重复输精 1 次。

4.4.2　输精量：原精为 0.05～0.10 毫升，稀释后的精液为 0.1～0.2 毫升，要求每个输精量中有效精子数不低于 3 000 万个。

4.4.3　输精方法：将开膣器插入阴道深部后旋转 90°，打开开膣器借助外源光找到子宫颈口，子宫颈口一般在阴道内呈突起状，附近黏膜充血而颜色较深。找到子宫颈口后，将输精枪插入子宫颈口内 1～2 厘米将精液缓慢注入，输精后先取出输精枪再抽出开膣器。

4.4.4　输精过程总的原则：适时、准确、慢插、轻注、缓出。

参考文献

[1] 权凯. 肉羊标准化生产技术 [M]. 北京：金盾出版社，2011.

[2] 赵兴绪. 兽医产科学（第四版）[M]. 北京：中国农业出版社，2010.

[3] 王建辰，曹光荣. 羊病学 [M]. 北京：中国农业出版社，2002.

[4] 权凯. 牛羊人工授精技术图解 [M]. 北京：金盾出版社，2009.

[5] 张英杰. 羊生产学 [M]. 北京：中国农业大学出版社，2010.

[6] 权凯. 羊繁殖障碍病防治关键技术 [M]. 郑州：中原农民出版社，2007.

[7] 赵有璋. 羊生产学 [M]. 北京：中国农业出版社，2002.

[8] 张长兴，刘太宇. 畜禽繁殖技术 [M]. 南京：江苏教育出版社，2012.

[9] 权凯. 羊场经营与管理 [M]. 郑州：中原农民出版社，2014.

[10] 权凯，魏红芳. 肉羊场标准化示范技术 [M]. 郑州：河南科学技术出版社，2014.

[11] 岳炳辉，闫红军. 养羊与羊病防治 [M]. 北京：中国农业大学出版社，2011.